食農分野で躍動する
日欧の社会的企業

―― イタリア発 地域の福祉は協同の力で ――

石田正昭 著

はじめに

　本書は、月刊誌『農業協同組合経営実務』の2014年９月号から2016年３月号まで連載された拙稿「地域の福祉は協同の力で―日欧の社会的企業の事例から―」のうち、イタリア、フランス、日本の事例だけを収めたものである。最初はスペイン、ドイツの事例も含めて、すべてを盛り込もうとしたが、協同組合が行う地域の福祉（幸福づくり）の活動・事業とはどのようなものかを紹介するうえで、外したほうが効果的に論じられると考えたからである。

　生協や農協など組合員に商品・サービスを提供する協同組合とは違って、社会的にハンディキャップを負っている人びとの暮らしを支え、自立させることを目的とする協同組合は、一般的には労働者協同組合（協同労働の協同組合）から出発しているようである。イタリアをみても、フランスをみても、日本をみても、そういえるのではないか。またイタリアに事例を絞るならば、労働者協同組合から出発しながらも、そこから地域の福祉を専門的に扱う社会的協同組合が派生・発展し、次いで地域ぐるみで地域社会の存続を図るコミュニティ協同組合が派生・発展してきた。

　そうではあるが、生協や農協が地域の福祉に無縁の存在かといえば、そうではない。本書では、わが国の生協が社会的にハンディキャップを負った人びとに雇用の場を提供したり、農協の協力を得ながら福祉農場を展開している事例を紹介したが、そのような取組みは全国でも少なからず存在するであろう。

　本書では取り上げなかったが、たとえばJAはが野（栃木県）では、イチゴ農家が地域の社会福祉法人と提携して、協議会を組織し、障がい者にイチゴの出荷箱を組み立ててもらい、１箱15円を支払っているという事例がある。このような実践事例を踏まえるならば、集出荷場や加工場、販売拠点などで、農協が地域の福祉に取組むような事例はもっと増やすことができるのではないかと思う。

　本書の期待する主たる読者層は、地域の福祉に取組みたい、あるいは

取組まなくてはならないと考えている農協の役職員たちである。もっといえば、地域とともに歩む協同組合として新たな取組みを考えている彼らに対して、「農協にもこんなことができるのか」といった気づきを得てもらいたいと思って上梓した。

　今般の改正農協法では、「地域の福祉は農協の仕事ではない」と規定されたようだが、地域とともに歩むことを信条とする農協が、忘却の彼方へなげうってもいいテーマではもちろんない。

　内容的にみると、短時間のインタビュー調査にもとづいての執筆となっており、実態面からも、理論面からも、不十分であることは認めざるをえない。しかし、農業・農村の分野において、あるいは食と農の分野において、ヨーロッパ発の地域の福祉の現状と課題を紹介したのは本書が最初ではないかと思う。

　なお、日欧の現地調査は2011〜2013年度日本学術振興会科学研究費補助金（基盤研究B）「食・農・環境の仕事おこしによる地域再生―村落共同体と市民社会の連帯の日欧比較―」（研究代表者：石田正昭）を使って行われた。

　イタリアの現地調査にあたっては、桃山学院大学の津田直則教授（当時）から多くの便宜を得た。ここに厚くお礼を申し上げたい。

　最後に、本書の元となる『農業協同組合経営実務』での連載と、本書の刊行を快くお引き受けいただいた全国共同出版に心からお礼申し上げたい。

　2016年6月

石田正昭

推薦の言葉

　本書は、「人々による幸福の探求」という広い意味での「福祉」をキーワードとして、協同組合がその実現のためにどのような役割・機能を果たしうるのか、ヨーロッパ（イタリア、フランス）と日本の事例を通じて論じたものです。本書が特に着目するのは、農業・農村に基礎をおいた社会的企業としての協同組合。読み進めていくと、協同組合の担い手がどのような思いで事業や組織を運営しているかはもちろん、経営上のデータによる裏づけが細やかなうえ、その協同組合をとりまく政策環境、非営利・協同のネットワーク、市場とのつながりにも言及され、日本で活動する私たちにとっても、参考となる事例が豊富です。

　たとえばイタリア。それぞれの協同組合には、情熱的・創造的な設立経過がありますが、その活動を市場とつないでいるネットワーク組織、コンソルツィオ（共同受注、人材育成、調査・研究、コンサル等の機能をもった事業連合組織）の機能が重要であることが読みとれます。また、こうした協同組合と深くつながる消費者・利用者組織GAS（団結した購買者連帯グループ）の存在は、日本でいう産消連携が、社会的協同組合にも及んでいる点で、示唆的です。

　海外の事例を幅広く扱う際には、その実態と考え方のどの部分をどう切り取るか、分析者の視点が大きく影響します。本書の筆者、当学会会長でもある石田正昭氏は、日本の農業・農村・農協に精通なさっており、本書も、日本の地域社会の動向がいかなるものか、そこで苦闘する農協の課題とは何かといった問題意識を底流に置いた記述となっています。多様な事例をたどりながらも、読者が日本への示唆を引き出しながら読み進められるのも、こうした著者の観点の明確さゆえでしょう。

　本書の終盤では日本の「ソーシャルファーム」が紹介されています。十年ほど前、本書に登場する「共働学舎新得農場」に、これまた本書で紹介されているイタリアの社会的協同組合の「コーパップス」代表のサンドリ氏と共にお訪ねしたことがあります。「コーパップス」は、農と福祉を軸としたイタリア社会的協同組合の代表例ともいえる「老舗」で

すが、共働学舎の活動と宮嶋氏のお話に接したサンドリ氏は、新得農場のチーズ工房の中で「コーパップスには、日本から多く視察に来てもらっているが、ここ日本にも私たちが歩んでいる道と同じ道を歩む人たちがいることに感銘した」と述べていました。

　多くのソーシャルファームや社会的企業は、ヨーロッパにしても日本にしても、私たちが現代的な困難に直面する中で、地道に編み出してきた「社会的発明」という点では、共通性、普遍性のある取組みなのだと思います。本書を通じて、そのことをあらためて確認させられました。

日本協同組合学会副会長

田中夏子

目　　次

第1話
社会的企業としての協同組合への期待

1．本書のねらい

　本書のねらいは、共助・共益の自立的組織である協同組合の可能性を広げることを目的に、どのような公益的な取組みが社会的に期待され、また実際に実行されているかを、日欧の事例にもとづいて検討することにあります。とりわけ、農業・農村の分野において、あるいは食と農の分野において、協同組合は地域に何ができるかを考えていきます。

　その場合のキーワードは"福祉"です。ここで福祉とは、弱者救済的な意味をもつウェルフェア（welfare）ではなく、弱者救済も含みますが、それよりも広い内容をもったウエルビーイング（well-being）を意味しています。

　ウエルビーイングの定義は後に述べますが、日本語に直訳すれば"よい状態"、したがって、その訳語としては"幸福"が適しています。身体的にも、精神的にも、経済的にも、そして社会的にも、人びとの幸福を増進するうえで、協同組合は何をなすべきか、あるいは何ができるかを考えていきたいと思っています。

　人びとの幸福を増進すること、これを手短に"幸福づくり"と呼べば、この幸福づくりに取組む事業体のことを"社会的企業（ソーシャル・エンタープライズ）"と呼んでいます。具体的には、失業者、障がい者、刑余の前科者等の能力開発や雇用創出、医療・健康、教育、子育て、高齢者介護、地域活性化など、地域社会のさまざまな問題に対して、ボランティアではなく、ビジネスとして取組む事業体が社会的企業です。

　このような使命を担っている団体としては、社会福祉法人、学校法人、宗教法人、医療法人、社団法人（一般社団・公益社団）、特定非営利活動法人（NPO）などがありますが、農協、生協、労協などの協同組合もま

た、有力なアクターとして活躍している、あるいは活躍することが期待されています。

　本書では、農業・農村あるいは食と農を基盤とした社会的企業の有力なアクターとして協同組合を位置づけ、その意義と可能性を日欧の事例の中から見出そうとしています。ヨーロッパの事例は、イタリアとフランスから得ることとしています。

２．社会的企業としての協同組合

　以上で述べたように、社会的企業とは、社会問題の解決を目的として収益事業に取組む事業体のことをいいます。社会福祉法人やNPOなどにみられるような、世のため人のために行われる公益的活動を、一時的にではなく継続的に行う事業体を指しています。

　それは、無償奉仕を行うボランティア活動とも異なりますし、利潤分配を目的とする営利企業とも異なります。さらにはまた、形式的平等性を優先する公共部門とも異なっています。営利企業も公共部門もともに取組まないような、地域社会のきめ細かなニーズに対応した事業を展開するという意味で、「市場の失敗」や「政府の失敗」を補正する事業体として位置づけられます。

　これに対して、協同組合は、出資・利用・参加を一体化させた人びとの共助・共益の事業体という性質を持っています。世のため人のためではなく、自分のための組織であるという理解が必要です。通常、法人と比べると社会的にも経済的にも弱い立場に立つ個人が、より強くなるために連帯する組織が協同組合なのです。共助・共益の組織ですから、原則上は公益に関心を払う必要はありませんし、公益の活動に経営資源を投入する必要もありません。

　しかし、そうはいうものの、実際には、医療・健康、高齢者介護、人的能力開発、雇用創出などの公共的な分野において、農協、生協、労協などの協同組合は独自の事業を展開しており、協同組合が公益にまったく無関係・無関心というわけではありません。また、こうした事業体としての取組みとは別に、農協や生協の役職員や組合員が地域社会に役立つような協同活動や地域貢献活動も数多く展開しています。

　地域社会の発展なくして協同組合の発展はなく、また反対に、協同組合の発展なくして地域社会の発展はない、という相互関係をもっているためです。

　国際協同組合同盟（ICA）が2013年に発表した『協同組合の10年に向けたブループリント』においても、協同組合の持続可能性を高めるための目標に「協同組合は支援を必要とする人びとに社会的サービスを提供する」という項目を設けています。そして、その項目の括弧書きには何と「イタリアと日本の『社会的協同組合』の優れた実践事例がある」とも述べられています。

　本書でも後に明らかにしていきますが、イタリアは社会的協同組合の法制化に先べんをつけた国であり、また数多くの実績も残しています。しかし、日本には法制上、社会的協同組合というものはありません。その日本で優れた実践事例がある、というブループリントの真意を探ると、それはおそらくワーカーズコープやワーカーズコレクティブなどの労協の活動・事業だけではなく、JAや生協が行っている社会的サービス、具体的には医療・健康、高齢者支援などの事業のほかに、子育て支援、環境保全、食農教育、まち・むらづくりなどの生活文化活動を高く評価してのことだと思われます。

３．地域の福祉に関わる協同組合

　「福祉」という概念を一般化したのは、バングラデシュの出身で、イギリスやアメリカの大学で教鞭をとった経済学者のアマルティア・センです。ノーベル経済学賞も受賞しています。

　彼のいう"福祉"とは、失業者や障がい者、高齢者など社会的・経済的弱者をケアするという意味の福祉だけではなく、それも含みますが、個人の自由の実現としての"よりよき生活"＝「幸福（しあわせ）」（広辞苑より）を確保するという意味を持っています。センの用語では、ウエルビーイング（well-being）と表現されるものです。

　この"よりよき生活"の意味は、「何ができるか（行動）」「何になれるか（状態）」という二点について、選択肢が数多くあること、またその実現の可能性が高いことを表しています。

このことを協同組合運動にあてはめて考えれば、協同や協働（協同労働）によって、選択の幅を広げ、実現の可能性を高めることに、協同組合の本来的な価値があるといってよいでしょう。

　たとえば、大震災の被災者や原発事故の被害者たちは、その行動や置かれた状態に関して、極端に制限を受けている人たちです。「元の家に住みたい」「仕事をしたい」「畑仕事をしたい」「子どもを自由に外で遊ばせたい」という願いは持っていても、それを実現する手立てが奪われてしまっています。

　また、イエやムラに閉じ込められた農村女性たちも、「自由に外に出たい」「自分のサイフを持ちたい」という願いは持っていても、それを実現する手立てが奪われています。

　彼ら・彼女らの潜在能力ないしは生き方の幅は極端に狭くなっているわけですが、その状態は、選択の自由が極端に狭められているという意味で、あるいはまた、生活の質が極端に低下しているという意味で、"貧困"の状態にあると表現されるのです。

　こうした意味の幸福や貧困は、財や所得の量、すなわち経済力だけで測ることはできません。経済力も重要ですが、それだけではなく、彼ら・彼女らの潜在能力や生き方の幅を広げる、あるいは生活の質を高める保障を与えることが、彼ら・彼女らを幸福にする基本だと考えなければなりません。われわれが取組むべき「福祉」＝「幸福づくり」とは、まさにそうした内容を持っていなければならないのです。

　大震災の時にいち早く大量の"おにぎり"を被災者たちに配れたのは、ふだんから米を貯蔵している農家の方々でしたし、その米を集めて炊き出しを行ったのもJA女性部の方々でした。また、被災者（女性）たちが入手困難なものとして生理用品があることを知り、いち早く和歌山県から岩手県へ送ったのもJA女性部でした。

　福島大学や福島県生協連と連携しながら、一筆単位で放射線量分布マップをつくり、土壌スクリーニングを行っているのはJA新ふくしまです。また、「子どもたちを外で思いっきり遊ばせたい」という親の願いをかなえるために、子どもたちを全国各地でのびのびと過ごさせる"子ども保養プロジェクト"を展開しているのは福島県生協連です。

　さらにはまた、イエ社会やムラ社会の中に閉じ込められがちな農村女性たちが、ファーマーズ・マーケットの自主運営に乗り出し、そこで弁当や総菜、菓子を造って販売するような JA 女性部の事例も、全国各地に見出すことができます。彼女たちは、そうした雇用機会を自らが創出することによって、「自分の生き方を自由に選択し、自分の人生を自らで設計し、その結果、自信と充実感を持って暮らしていくこと」が可能になったという意味で、地域の福祉を協同の力で高めていると考えられるのです。

４．本書の今後の展開

　本書では、まず最初にイタリアの社会的協同組合、具体的には障がい者が参加する、あるいは障がい者を雇用する農業部門での社会的協同組合の事例を見ていきます（通常、SCA すなわち社会的農業協同組合と呼ばれています）。

　ここで、イタリアの社会的協同組合というのは、労働者協同組合から派生・進化したものとしてとらえられています。また、その社会的協同組合から派生・進化していったものとして、地域の問題を地域住民が一体となって解決しようとするコミュニティ協同組合の動きも芽生えています。現在のところ、法制化までには至っていませんが、その先進的事例を紹介したいと思います。次にフランスでは、イタリアと同じように、労働者協同組合（SCOP）から社会的協同組合が派生・進化してきました。法制的には、社会的共通益協同組合（SCIC）と呼ばれていますが、生産者・消費者・地域住民・公共団体などが出資するマルチ・ステークホルダー型（多様な利害関係者型）の協同組合です。地元の農産物を扱った直売所やレストランなどを経営しています。人によっては、このタイプの協同組合のことをコミュニティ利益協同組合と呼んでいますが、その事例を見ていきたいと思います。

　最後に、日本については、生協と農協が連携して設立した障がい者を雇用する農業生産法人、労協と農協が連携して設立した有機農業を行う農業生産法人、労協と生協が連携して取組む循環型農業などのほか、最近増加傾向にありますが、社会福祉法人が障がい者を雇用して農業生産

に乗り出している事例などを見ていきます。

　日本の事例で考えなければならない問題は、農協、したがって農業者の持っている知識や技術、さらには農地や生活様式と、生協や労協、社会福祉法人、したがって都市住民の持っている知識や技術、さらには資金や生活様式とを、どのように接合させていくのか、つまりは都市と農村の連帯のあり方についてです。それぞれの結合原理の違いが緊張関係を生み出す場合もあって、連帯の成果を高めるには乗り越えるべき課題も多いのではないかと思います。ヨーロッパの事例と比較しながら、その点に言及することも本書の課題としたいと思っています。

第**2**話
イタリアの社会的協同組合の概観

1. イタリアの協同組合運動

　協同組合運動は19世紀半ば、イギリスの消費者協同組合に起源を発してヨーロッパ諸国に広がりました。イタリアでも、イギリスに10年ほど遅れて始まりました。イタリアの協同組合運動は、労働運動や社会主義運動、それにカトリック社会運動と歩調を合わせて発展しました。

　政治運動や社会運動と密接に関連して発展したために、協同組合運動も大きく分けてカトリック系の潮流と社会主義系の潮流が形成されました。また、運動の組織的連携から見ると、地域的な連携と業種的な連携が重なって、全国規模のナショナルセンターが形成され、数多くの単協が設立されていきました。

　1990年の統計によると、16万という膨大な数の協同組合が、労働・厚生省の登記簿に登録されています。しかし、その中には活動実態が特定できない組合も多いようです。16万の組合のうち、2大ナショナルセンターとされるレーガ・コープ（左翼系）とコンフ・コーペラティーヴェ（カトリック系）をはじめ公認の4つのナショナルセンターに属しているのは全体の約30％、およそ5万の協同組合とされています。

　2004年、これらのナショナルセンターと商工会議所が行った合同調査の結果によれば、4つのナショナルセンターに加盟する協同組合は全国でおよそ7万に上ります。1990年の統計と比較すると、およそ2万の増加であり、協同組合が順調に伸びていることを示しています。

　しかし、1990年代以降のグローバリゼーションの進展の中で、イタリアでも市場経済の圧力が優勢となり、それに伴い協同組合法制も変更が加えられています。詳細には論じられませんが、最近の制度改正の大きな流れは、企業間競争の中に協同組合を位置づけ、一般企業と協同組合

との法的差異を薄めるとともに、協同組合への課税を強化するというものです。

　自由・自主と民主主義を基本とし、人権ならびに地域に根ざした運動と経営を車の両輪とする協同組合が、市場経済が拡張する中で生き残れるかどうか、協同組合関係者にとっては深刻な問題となっています。とくに生協、農協、労協、共済組合などの共益組織において、その切迫度は高いとされます。

２．社会的協同組合とは

　本稿で扱おうとする社会的協同組合は共益組織ではありません。世のため、人のために役立つことを目的とする公益組織です。

　社会的協同組合という形式は、1990年以降にイタリアで急速に発展した新たな種類の協同組合です。その発端は、1971年、北イタリアのトリエステ市の公立サンジョバンニ精神病院に精神科医のフランコ・バザーリアが院長として赴任したことに求められます。そこで彼が見たものは、患者に対して医師が精神科医療を施すこともなく、施設に閉じ込め、監視と強制の下に置くという非人道的なシステムでした。

　バザーリアは、まず、患者の意思を尊重し、人間としての尊厳を与えることから始めました。具体的には、患者の人権を認めることを基本に据え、健康のためには患者が病院の外に出て、街で暮らすことが必要であるとし、それを実践するというものでした。家族が協力的な患者から退院を勧めるとともに、そのための社会的な受け皿づくりも地域で進めていきました。

　ここで、社会的な受け皿づくりとは、精神病院から解放された人びとを「障がい者」と規定して一律に福祉の対象とするのではなく、解放された人びとが主体となって「働く場」をつくり出し、地域社会で一緒に生活するというものです。その受け皿というのは、現在も存続していますが、ビル清掃、配食サービス、荷物運搬、建築営繕、クリーニング業などを行う「バザーリア合同労働者」社会的協同組合の設立でした。

　バザーリアのこの運動は「社会的に不利な立場の人びと」の共感を得て、大きく発展しました。また、患者の不利益に対する当事者たちのス

トライキによる抵抗も各地で起こるようになり、行政を動かす原動力となりました。1978年、大規模な社会保健機構改革の中で、精神障がい者の地位の確保に関する法「法律180号（バザーリア法）」が成立し、精神病院の新設および新規入院はこれを禁止することとなりました。

イタリアでは真っ先にトリエステのサンジョバンニ精神病院が廃止され、その後、次々に精神病院は解体され、現在に至っています。このことは、かつては国家や行政が担うべきとされてきたサービスや事業の不足部分を市民自らの手で補うという自由・自主の動きが、大きなうねりとなって現れたことを意味します。

バザーリアの社会的協同組合に続いて、法律にもとづかない自生的な協同組合が全国各地で誕生するようになりました。とくに２大ナショナルセンターでは、コンフ・コーペラティーヴェ系の「社会的連帯協同組合」、レーガ・コープ系の「差別なき生産・労働の協同組合」が、社会的に不利な立場の人びとの協同組合として活動を開始するとともに、個々の組合の事業を補完するための協同組合として、連合組織（コンソルツィオ）が設立されていきました。

これらの社会的協同組合の特徴として、

①　民主的に運営された、小規模な組合員組織

②　地域社会との強い結びつき

③　小規模ながら、規模の経済性を生み出すための連合組織の活用

などが指摘されています。

以上のような動きを踏まえて、1991年に「社会的協同組合法」が成立しました。正式には「法律381号（社会的協同組合の規程）」という名称が付されていますが、この法律にはいくつかの特徴があります。

その第一は、協同組合という組合員の共益組織が、組合員の利益のみならず、地域の普遍的利益の充足を図ることの意義とその論拠についてです。これについては、社会的協同組合が、通常の協同組合と比較してより広範な公益性を担う「特殊」な存在として位置づけられ、そのために、非営利性（限定的な額の出資、ボランティア組合員の重視など）の徹底的な追求と、その非営利性の代償措置としての税制上の優遇措置が規定されました。

第二は、ボランティア組合員の位置づけについてです。ボランティア組合員は「無償で自らの活動を提供する組合員」と定義され、社会活動に対する市民参加の一つの形態を指しますが、傷害保険と疾病保険は保証されています。ただし、ボランティア組合員の労働提供は、専門職の労働を代替するものであってはならず、あくまでも専門職の労働の補完に留まるべきものと規定され、したがってボランティア組合員の数も組合員総数の半分を超えてはならないとされています。

　第三は、社会的協同組合にはＡ型とＢ型という２つのタイプがあるということです。Ａ型は、組合員外の利用者に対して社会福祉サービスや教育を提供するというタイプです。これに対し、Ｂ型は「社会的に不利な立場の人びと」の就労を目的として事業活動を行うというタイプです。これらに加えて、Ａ型とＢ型の両事業を行うタイプもあります。

　ここでいう「社会的に不利な立場の人びと」は多様な概念であり、精神的、身体的、知的などの障がいを持つ人はもちろんですが、高齢者、虐待を受ける子ども、移民、アルコールや薬物依存症の人、受刑者、服役を終えた元受刑者、ノマドと呼ばれる移動生活者、社会的困難を抱える人など、それぞれのハンディを抱えた人びとを指しています。

　Ｂ型社会的協同組合で働く「社会的に不利な立場の人びと」は、その４割は精神的問題を抱えている人、２割は身体的問題を抱えている人、２割は薬物依存者とされます。また、６％がアルコール依存者、４％が受刑者という構成になっています。

　第四は、Ｂ型社会的協同組合では、有給労働者の30％以上が「社会的に不利な立場の人びと」で構成されなければならないという制約があることです。この規定によって、社会的に不利な人びとの労働の場をつくり出すという協同組合の公益性が担保されています。

３．社会的協同組合の現況

　最新の資料（アンドレアウスらの『イタリアの社会的協同組合：概観』Euricse Working Paper, N.027/2012）によれば、2008年12月末日現在、イタリアには13,938の社会的協同組合がありますが、この数はすべての協同組合の19.5％、すべての事業体の0.3％に相当しています。社会的協同

組合で働く（有給）労働者数は317,339人で、１組合当たりの労働者数は23人となっています。

　社会的協同組合を地域別構成比で見ると、北西部22.2％、北東部13.6％、中部20.9％、南部27.7％、島嶼部15.6％で、イタリアの下半分、すなわち中部、南部、島嶼部で数多くの社会的協同組合が設立されています。このことは人口10万人当たりの組合数で見ても同じであり、北西部20、北東部17、中部25、南部27、島嶼部32と、イタリアの下半分で多くなっています。

　しかし、社会的協同組合で働く労働者数の地域別構成比で見ると、様相は変わります。北西部33.8％、北東部25.4％、中部20.0％、南部12.0％、島嶼部8.8％と、イタリアの上半分で多くなっているのです。これは、１組合当たりの労働者数が北西部35人、北東部42人、中部22人、南部10人、島嶼部13人と、イタリアの上半分で多く、下半分で少ないことによるものです。

　また、13,938の社会的協同組合を事業分野別に見ると、サービス業11,141（79.9％）、農業368（2.6％）、製造業814（5.8％）、建設業418（3.0％）、不明1,197（8.6％）となっており、サービス業が全体の８割を占めています。サービス業の中でも、保健・福祉分野6,184（44.4％）、企業支援1,651（11.8％）、教育819（5.9％）が多く、この３分野の合計でサービス業全体のおよそ８割を占めています。

　一方、社会的協同組合をＡ型、Ｂ型の区分で見ると、組合数はＡ型7,578（54.4％）、Ｂ型5,163（37.0％）、不明1,197（8.6％）となっています。これに対し、労働者数はＡ型229,632人（72.4％）、Ｂ型82,408人（26.0％）、不明5,299人（17.％）で、Ａ型の構成比が高くなっています。これは、１組合当たりの労働者数が、Ａ型30人、Ｂ型16人、不明４人というように、Ａ型で多く、Ｂ型で少ないことによるものです。言いかえれば、Ｂ型の小規模性が見て取れるのです。

　さらにまた、設立年で見ると、1992年以前2,751（19.7％）、1993〜1997年1,843（13.2％）、1998〜2002年3,273（23.5％）、2003〜2007年5,005（35.9％）、2008年1,059（7.6％）というように、最近年の増加が見て取れます。ただし、Ａ型とＢ型との比較では、この増加傾向に両者の違いはありま

せん。

　年間の事業高で見ると、25万ユーロまでの組合が7,260（58.4％）を占めており、25～100万ユーロ3,259（26.2％）と100万ユーロ以上1,915（15.4％）の合計を上回っています。事業高と労働者数とは相関関係にありますが、地域的な分布で見ると、イタリアの上半分で事業高と労働者数の多い組合が多くなっています。

　財政面から見ると、A型は公的な福祉サービスを担うことが多く、このため補助金や自治体からの委託費が大きな比重を占め、経営的に安定しています。これに対して、B型は税制上の優遇措置はあるものの、公的な収入の割合は少なく、市場競争にさらされており、質の確保が伴わなければ事業の継続がむずかしい状況に置かれています。

　こうした中で、協同組合の協同組合として連合組織（コンソルツィオ）が設立され、個々の組合への支援体制が整備されています。その支援体制は、優れた実践事例の横展開に必要な組合間の経験交流、成果と情報の共有化、協力関係の調整、事業契約の獲得、市場調査の実施、職業訓練プログラムの立案・実施、行政との交渉、会計処理などに及んでいます。

第3話
エミリア・ロマーニャ州の社会的協同組合

1.「協同組合の首都」エミリア・ロマーニャ州

　社会的協同組合は社会的サービスを提供する労働者協同組合という性質をもっています。社会的ハンディキャップの人びとを保護する労働者協同組合（A型）、あるいは社会的ハンディキャップの人びとが参加・参画する労働者協同組合（B型）という意味です。事実、イタリアの社会的協同組合は、労働者協同組合の中から派生してきた新しい協同組合なのです。

　労働者協同組合というのは、イタリアの協同組合運動が、その発生からして労働運動、社会主義運動とのつながりが深く、その一環として発展してきたことに由来しています。そして、その中心にいるのが左翼系のレーガ・コープです。ただし、労働運動、社会主義運動といっても、その影響力は国レベルというよりも、州や県、市町村といった自治体レベルで強い力をもっています。その革新自治体の雄の一つとして、エミリア・ロマーニャ州があります。

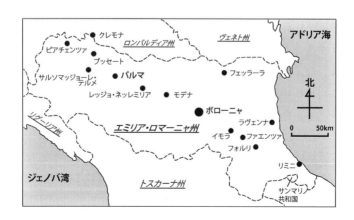

われわれの調査は、エミリア・ロマーニャ州の州都であるボローニャとレッジョ・エミリア（正式名称はレッジョ・ネッレミニア）で行いました。井上ひさし『ボローニャ紀行』（文藝春秋刊）に記されているように、ボローニャは協同組合が自治体（ボローニャ県・市）の産業政策や文化政策と深くかかわっていることに特徴があります。

　エミリア・ロマーニャ州の人口は440万人ですが、その2人に1人が協同組合の組合員といわれており、人口対比の協同組合密度がイタリアで最も高いことから「協同組合の首都」と呼ばれています。2012年末の失業率は、全国が11.6％であるのに対し、エミリア・ロマーニャ州は8.2％に留まっていますが、これは労働者協同組合の果たす役割が大きいと考えられています。

　現地でのインタビューでは、エミリア・ロマーニャ州の協同組合セクターが強い理由として、協同組合と政治、行政、労働組合、市民団体との間で地域主義、民主主義の価値と原則が共有されていること、市民たちの間で「私」よりも「私たち」のほうが重要であるという信念が共有されていることにあると説明してくれました。

2．コンソルツィオ（事業連合組織）の役割

　前にも述べましたが、イタリアにはレーガ・コープ（左翼系）、コンフ・コーペラティーヴェ（カトリック系）など、いくつかのナショナルセンターがあります。その中でも、エミリア・ロマーニャ州のレーガ・コープは、製造業、農業・食料、消費、輸送、サービス、社会的サービスなどの事業分野をもち、州内最大の経済団体となっています。

　表に示すように、レーガ・コープ傘下の協同組合は、2011年現在で1,284組合、生産額320億ユーロ、組合員285万人、雇用者15万人を擁しています。とりわけ消費者（生協）は、ハイパーマーケット形態の「イーペルコープ」を数多く出店し、全国組織であるコープイタリアの本部もボローニャにあります。

　エミリア・ロマーニャ州では、社会的サービスを提供する社会的協同組合もよく発達しており、州内で214組合、生産額9.7億ユーロ、組合員4.7万人、雇用者2.4万人を数えています。

表　エミリア・ロマーニャ州レーガ・コープ傘下の協同組合（2011年）

部門	協同組合数	生産額 （百万ユーロ）	組合員数	雇用者数
住宅	60	253	128,522	245
農業・食料	195	5,327	46,566	12,280
消費者	140	7,651	2,521,968	21,339
文化	36	21	3,032	381
小売業者	16	3,541	1,271	1,056
メディア	21	30	930	134
漁業	38	96	3,530	288
労働者と生産	181	8,510	11,778	20,700
サービス	309	5,314	82,108	67,603
社会的サービス	214	968	46,776	24,192
観光	42	72	1,064	523
その他	32	270	2,830	957
レーガコープ合計	1,284	32,054	2,850,375	149,698

　これらの協同組合をバックヤード的に支えているのが、コンソルツィオと呼ばれる事業連合組織です。レーガ・コープ、コンフ・コーペラティーヴェなどの系列ごとに、あるいはその系列を超えて、協同組合の種類に応じたコンソルツィオが数多く設立され、加盟会員である協同組合の効率と競争力を高めることを目的として、組合が必要とする専門的なサービスを提供しています。農業、建設、消費者等の組合のみならず、社会的協同組合の発展にも大きく貢献しています。

　このコンソルツィオは、日本の全農のように、一つの事業連合組織が傘下の組合に数多くの機能を提供するのではなく、それぞれに得意分野があって、専門的なサービスを提供しています。分野ごとのコンソルツィオも一つであるとは限らず、複数のコンソルツィオがあり、競争関係を形成しています。

　基礎的な協同組合からみれば、こうした競争関係が形成されることによって、自らの組合に適合したよりよいサービスを、より安く提供するコンソルツィオを選択できることになります。

　コンソルツィオは、大きくいって、組合にサービスのみを提供するコンソルツィオと、組合の製品を加工・販売するコンソルツィオに分かれます。サービスのみを提供するコンソルツィオは、会員組合のために、取引先との契約協定の交渉、原料・半製品の確保、経理・税務、経営指導などの専門的なサービスを提供しています。また、製品を加工・販売するコンソルツィオは、農産物加工がその典型ですが、買取り加工を原

則とし、会員組合に製造機能と商業機能を提供しています。

３．エミリア・ロマーニャ州の社会的協同組合の現状

　すでに述べたように、イタリアでは1991年に「社会的協同組合法」が制定され、それにもとづいてＡ型、Ｂ型、およびその両方の性質を有するＡ＋Ｂ型の社会的協同組合が設立されるようになりました。また、それらの協同組合をバックヤード的に支える事業連合組織としてＣ型（コンソルツィオ）の協同組合も設立されています。

　エミリア・ロマーニャ州における社会的協同組合の発展の特徴は、レーガ・コープの説明によれば、市民、すなわち「草の根レベル」からの福祉改革の要求と、州や県・市町村、すなわち「行政レベル」からの財政改革の要求とがうまく合致したこと、そしてその両者をつなぐ架け橋として協同組合が機能していたことに求められるとしています。

　ただし、若者たちと社会的協同組合との関係は、草創期のころと現在とでは、若干異なってきているようです。

　草創期の設立者たちは、精神病院での囲い込み、社会的ハンディキャップの人びとへの思いやり、社会的労働への共感・関与など、強い倫理観と政治的動機、政策要求などによって支えられていました。彼らの多くはカトリック信者で、設立に当たっては左翼系のレーガ・コープのみならず、カトリック系のコンフ・コーペラティーヴェも大きな役割を果たしました。

　これに対し、現在は、そうした信念・信条よりも、組織力、技術力、経営力のほうが重視されるようになり、そうした能力に長けた人びとによって設立・運営されています。実際に彼らの能力の結集により、毎年たくさんの社会的協同組合が設立され、今や協同組合セクターで最も重要な成長部門とみなされるようになっています。

　図では表示していませんが、レーガ・コープのみならず、全系列の社会的協同組合は、820組合、雇用者29,390人、生産額12.3億ユーロを数えています。上述のレーガ・コープの社会的協同組合の数値と比較すると、レーガ・コープ以外の社会的協同組合は、組合数は多いものの、小規模であることがわかります。

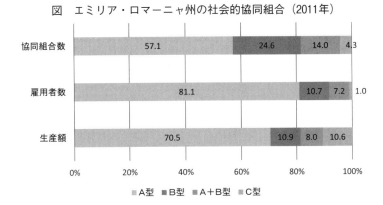

図　エミリア・ロマーニャ州の社会的協同組合（2011年）

　また、図に示すように、組合数、雇用者数、生産額をA型、B型、A
＋B型、C型のシェアで比較すると、組合数では、A型が57.1％と最も
多く、次いでB型、A＋B型、C型の順になっています。

　A型を基準に、1組合当たりの雇用者、生産額を比較すると、B型と
A＋B型は小規模な組合が多く、C型は事業連合組織であることから、
少ない雇用者でより多くの生産額をあげていることがわかります。

第**4**話
社会的協同組合とコンソルツィオとの関係

1．社会的協同組合「ストラッデロ」

　社会的協同組合「ストラッデロ」はエミリア・ロマーニャ州レッジョ・エミリア県スカンディアーノにあります。スカンディアーノが基礎自治体（市町村）に当たります。

　ストラッデロはイタリア語で「小道」を意味します。社会的協同組合法が制定される前の1984年、労働者協同組合として設立され、1991年の社会的協同組合法制定を機に、社会的協同組合として登録されています。

　レーガ・コープ系に属し、精神的障がい者を病院から解放するために設立されました。設立当時の組合員は20人で、A＋B型としてスタートしました。イタリアの社会的協同組合の典型的なケースといってよいでしょう。

　設立に当たって、8人の創立者たちはビンゴゲームで資金を調達したそうです。われわれには理解しにくいのですが、西欧諸国や米国では教会や非営利組織が社会的活動に必要な資金を、ビンゴゲームの主催者となって獲得することが多いとされます。

　現在の理事長、ピエロ・ジャンナタシオ氏（41歳）は創立者ではありません。24歳のときにストラッデロに労働者として入組し、32歳のときに理事長になりました。

　敷地は13.4ha（自己所有地）で、その中に農園や各種施設、車庫などが配置されています。

　手がける事業は幅広く、自前の事業として、農業（花き、有機野菜、ワイン）、農産物直売所、カット野菜（原料は購入）、貸農園、太陽光発電（屋根）、デイサービスなど、また自治体からの受託事業として、ごみの分別収集（30台）、緑化、工房、こん包作業、馬を使ったアニマル

ピエロ・ジャンナタシオ氏（右）

セラピーなどを展開しています。

　ジャンナタシオ氏の説明によれば、農業を基軸に据えているのは「われわれは自然に従った生き方をする。季節の移り変わりとともにゆったりと生き、仕事する」ためだとしています。

　工房での仕事も幅広く、家具などの廃品を手入れして商品化する仕事、メタル加工して搾乳機の部品をつくる仕事、セラミック製品の見本をつくる仕事などを手がけています。

　組合員は77人ですが、そのうち有給労働者は67人、その他はボランティア組合員です。67人の有給労働者のうち、障がい者は20人ですが、この他に組合員ではない障がい者が11人いるそうです。

　同じ障がい者であっても、組合員になるかならないかは本人の自由で、社会的協同組合の仕組みを信じている人はおおむね組合員になっているとのことです。ただし、その両者で仕事への熱意や能力に違いはなく、あるとすれば個人的なものだとしています。

２．Ａ型とＢ型の分離

　制度的枠組みでいうと、ストラッデロはＢ型の社会的協同組合で、障がい者が組合員として労働参加するという組合です。その設置条件は有給労働者の30％以上を障がい者が占めるというものです。

　しかし、1991年の社会的協同組合法の制定により、国ではＡ＋Ｂ型の設置が認められましたが、エミリア・ロマーニャ州ではＡ型とＢ型と

19

の分離が義務づけられたため、もともとＡ＋Ｂ型で運営されていたストラッデロはこれをＢ型として存続させ、新たに「ゾラ」というＡ型の組合を設立しました。

Ａ型は障がい者を保護するための組合です。この目的に沿って、ゾラは障がい者のために施設を提供するとともに、教育的見地から彼らに職業訓練を施すという仕事を行っています。

制度面では、Ａ型とＢ型は分離されていますが、事態を複雑にしているのは、ゾラの職業訓練をストラッデロで行っていることにあります。ですから、どこからどこまでがストラッデロで、どこまでがゾラかということは、見た目ではわかりません。

ジャンナタシオ氏の説明によれば、ゾラが提供する施設は宿舎と工房です。宿舎は高齢者のデイサービスを行うかたわら、33人の精神的障がい者やダウン症の人たちに食事と居室を提供し、工房で職業訓練を行っています。ですから、工房で行われている廃品の再生、搾乳機の部品製造、セラミック加工などは、ゾラの事業になります。

33人の訓練生たちは、月曜日の９時から金曜日の17時までここで居住し、土日は自宅に帰ります。ただ、雇用情勢の厳しい現在のイタリアで新たに仕事をみつけることはむずかしく、ゾラを卒業して働くとすれば、ストラッデロしかないというのが現実のようです。ストラッデロ側も、働ける能力があれば、彼らを極力受け入れているようです。

出身地はすべてレッジョ・エミリア県です。彼らが有給労働者として

ストラッデロのブドウの収穫風景

ゾラでつくられた搾乳機の部品

ストラッデロで働くようになると、組合からの給料の他に、県・市からの補助金をもらえるようになります。

3．コンソルツィオ「クアランタチンクエ」

　ストラッデロは、農業を基本としながらも、数多くの事業を展開していますが、こうした事業のノウハウを伝えたり契約を取ってくるのはコンソルツィオ（事業連合組織）の仕事です。

　社会的協同組合や労働者協同組合など、小規模な協同組合が効率的で競争力のある事業を展開できるのは、組合のコンサルティングや行政庁・取引先との交渉・契約などの専門的サービスを提供するコンソルツィオが発達しているためだといわれています。

　一つの組合が一つのコンソルツィオとつながっているわけではなく、提供される専門的サービスに応じていくつかのコンソルツィオとつながっています。

　ストラッデロとつながっている、というよりもストラッデロが設立に深く関与し、ジャンナタシオ氏自身もかつて理事長を務めていた社会的協同組合のコンソルツィオに「クアランタチンクエ」があります。

　クアランタチンクエとは、イタリア語でクアランタが4、チンクエが5を意味し、45の組合によって構成されているコンソルツィオであることを表します。

　現在の会員構成は、A型27組合、B型18組合の合計45組合ですが、その他に社会的協同組合以外の協同組合や協同組合以外の社会的企業（日本でいうと NPO）も加盟しています。

　設立は1994年で、レッジョ・エミリア県のレーガ・コープ系に属する6つの社会的協同組合によって設立されました。しかし、現在の会員はレッジョ・エミリア県やエミリア・ロマーニャ州のみならず、イタリア全域に広がっています。クアランタチンクエの専門性の高さが評価された結果だとしています。

　「レッジョ・エミリア県レーガ・コープ」の職員として県内の社会的協同組合のまとめ役であると同時に、クアランタチンクエに理事として参画しているのがカルロ・ポッサ氏（62歳）です。われわれの調査も彼

カルロ・ポッサ氏

のコーディネートに負っています。

　クアランタチンクエの業務は組合のサポート、具体的には会員組合の代表機能、経営と技術のコンサルティング、役職員に対する教育・研修の他、行政庁や取引先との交渉・契約などから成り立っています。行政庁との交渉・契約が重視されるのは、行政庁への応募申請は、組合ではなく、コンソルツィオが行うことになっているからです。クアランタチンクエの収入は、その成功手数料と会費収入です。

　クアランタチンクエの役職員は、理事長（非常勤）、マネージャー（執行役員）、3人の職員の他、外部の弁護士と会計士をコンサルタントとして抱えています。

　クアランタチンクエの資料によれば、彼らの使命は「アイデンティティ・利用・価値・倫理」にあるとし、会員組合の発展を促進し、業務をサポートし、計画に関与し、社会的協同組合運動の普及・拡大と民主的経済への貢献を図ることだと謳われています。

第**5**話
社会的協同組合の事業そのものが CSR

１．社会的協同組合「ベットリーノ」

　社会的協同組合「ベットリーノ」はエミリア・ロマーニャ州レッジョ・エミリア県レッジョーロにあります。レッジョーロは人口約9,200人の基礎自治体です。

　ベットリーノは地名で、特別の意味はありません。知的障がい者が参加したバジル栽培を行う B 型社会的協同組合です。当初は知的障がい者を雇用した労働者協同組合からスタートしましたが、1991年の社会的協同組合法制定を機に、社会的協同組合に転換しました。

　レーガ・コープ系に属し、50人の知的障がい者が働いています。50人のうち組合員は35人で、重度の障がい者は組合員になっていません。このほかに健常者も50人いて、そのうち組合員は35人です。35人の組合員のうち、ボランティア組合員が10人、社会的協同組合の理念に賛同して出資を行う投資組合員が15人含まれています。

　投資組合員とはいいますが、出資配当はなく、その相当額を労働者たちのボーナスに回しています。通常、１人当たりの出資金は100ユーロですが、障がい者の両親や社会的関心の高い投資組合員、それにボランティア組合員の中には500ユーロを出資する人もいるとのことです。

　投資組合員のみならずボランティア組合員もそうですが、金満家たちが社会貢献の観点から社会的協同組合に関与する、あるいは寄付するというケースはありません。

　ベットリーノの理事長はフランチェスカ・ベネーリ氏ですが、実質上の理事長はエーベル・ビアンキ氏（61歳）です。ビアンキ氏は、基礎自治体レッジョーロの首長で、首長が民間団体の経営者を兼任できないことから、ベネーリ氏に経営を委ねています。

 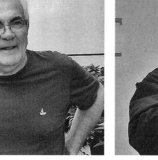

フランチェスカ・ベネーリ氏　　　　　　エーベル・ビアンキ氏

　ビアンキ氏は、もともと建築業者（測量士）でしたが、1989年にレッジョーロの首長となり、現在も首長を続けています。彼の持つ社会的構想力はきわめて大きく、以下に述べるように、社会的協同組合の運営とゴミ処理場の運営とを結びつけて、レッジョーロという基礎自治体を引っ張っています。

2．ベットリーノにみるCSR（企業の社会的責任）

　ヨーロッパでは、「CSRとは、社会面及び環境面の考慮を自主的に業務に統合することである。それは、法的要請や契約上の義務を上回るものである。CSRは法律上、契約上の要請以上のことを行うことである」という理解が定着しています。

　ICA声明の第1原則〈自発的で開かれた組合員制〉は、「協同組合は、自発的な組織であり、性（ジェンダー）による差別、社会的、人種的、政治的、宗教的な差別は行わない。協同組合は、そのサービスを利用することができ、組合員としての責任を受け入れる意志のあるすべての人びとに開かれている」と謳っています。

　また、第7原則〈地域社会（コミュニティ）への関与〉は、「協同組合は、組合員が承認する政策に従って、地域社会の持続可能な発展のために活動する」と謳い、地域社会の経済的、社会的、文化的な発展のみならず、環境保護のためにしっかり活動する特別の責任があると指摘しています。

　つまり、ヨーロッパにおいては、協同組合原則は CSR そのもの、あるいは CSR は協同組合原則から生まれてきたと理解されています。とりわけ、社会的にハンディキャップを持った人びとに労働参加、社会参加の機会を提供し、そこで行われる業務が環境保護に役立つものであれば、その協同組合の事業は CSR そのものだといってよいでしょう。

　実はベットリーノの事業体としての特徴は、知的障がい者が参加するバジルハウスの運営と、基礎自治体が行うゴミ処理場の運営とが、うまくかみ合わさっているところに求められます。

　ゴミ処理場では、基礎自治体が集めたゴミの中から生ゴミだけを集めてバイオガスを発生させ、発電（3 MW）と給湯を行っていますが、バジルハウスはその発電施設から85℃に暖められた温湯を引いてハウス全体を暖め、バジルや花き（ポインセチア、シクラメン、スミレ、ゼラニウムなど）の生産を行っているのです。

　ゴミ処理場の運営は、基礎自治体・レッジョーロから委託された株式会社が担っていますが、発電、給湯、そしてゴミの減量化を行って環境問題とエネルギー問題との同時解決を図ろうとしています。

　ビアンキ氏は、将来、このゴミ処理場を公園にしたいとのことです。

　また、ベットリーノが運営するバジルのパッキング施設でも太陽光発電を行っていますが、温室ハウスを含めて、その施設全体は基礎自治体・レッジョーロが所有しています。環境問題、社会問題、そしてエネルギー問題に対するこうした構想力なりデザイン力は、いうまでもなく、首

生ゴミ堆積場

バジルの温室ハウス

長であるビアンキ氏に負うところが大きいといえます。

３．ベットリーノの事業活動

　ベットリーノには大きな温室ハウスが２つあります。１つはバジル生産、もう１つは花き生産に使われています。これらの栽培はすべて障がい者だけで行っています。

　バジルは常時30℃に設定された温室ハウスで一年中生産されます。ハウス内では１時間ごとに培養液が循環し、日照時間を確保するためコンピューター管理でライトが点灯します。生育期間は、夏場25日、冬場40日ですが、平均して１日450kg、年間90ｔが収穫されます。茎からの長さが13cmまでのものがバジル、13cm以上のものがミントに区分されます。

　収穫されたバジルは、半分がパック詰め、半分がペーストに加工され、出荷されます。パック詰めは１パック25ｇのものが、年間およそ150万パック、コープイタリア（レーガ・コープ系の消費者協同組合）に引き取られます。

　出荷価格は１パック60セントですが、コープイタリアはこれを1.1ユーロで販売します。全量買取方式で、売れ残りリスクはコープイタリアが負います。商品の日持ち期間が５日間と短いため、売れ残りリスクが大きく、それをコープイタリア側が負うことから、値入れも必然的に大きくなっています。

　エミリア・ロマーニャ州のコープイタリアでは、ベットリーノのバジルは陳列棚の目立つところに置かれる主力商品となっています。緑色の袋は、それがベットリーノの商品であることを知らせています。このパッキング作業は、知的障がい者のうちでも重度の障がい者が担っているとされます。

　しかし、バジルと花きの生産だけでは経営は厳しく、事業多角化を進める観点から、オリーブオイル、塩、ナイフ、フォークを一つの袋に詰めて、ボローニャの病院に納める仕事もしています。年間300万セットをつくっていますが、この袋詰め作業も重度の障がい者が担っているとされます。

　このほかに、事業多角化の一環として、Ａ型に属する職業訓練の業務

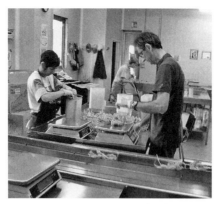

バジルのパッキング作業

として緑化サービスも行っています。

　年間の売上高はおよそ300万ユーロですが、これとは別に障がい者の雇用と職業訓練に対する補助金として、レッジョ・エミリア県と基礎自治体・レッジョーロから年間13万ユーロの支援があります。また、イタリアには所得税の0.5％を納税者が社会的活動を行う団体に選択的に寄付できるという制度があり、この制度のもとで年間1.6万ユーロが入ってくるとされます。

第**6**話
コミュニティ協同組合への胎動

1．社会的協同組合「バレ・ディ・カバリエーリ」

　社会的協同組合「バレ・ディ・カバリエーリ」はエミリア・ロマーニャ州レッジョ・エミリア県ラミゼートにあります。ラミゼートは面積100㎢、人口1,290人の小さな基礎自治体です。

　ラミゼートには25の集落（コミュニティ）がありますが、そのうちのスッチーゾ・ヌーボ（日本語的には“新スッチーゾ”）が所在地です。もともとのスッチーゾは廃村の状態です。

　スッチーゾ・ヌーボは標高1,000m、登録人口118人の山村です。トスカーナ州とエミリア・ロマーニャ州との境界をなすトスカーナ-エミリア・アペニン山脈の一角にあります。1950年代の登録人口は1,000人でしたが、現在は118人に減少しました。実際の居住者は季節で変動し、冬は60人、夏は200人になります。避暑地・観光地の趣きがあって、ハイキング、山登り、クロスカントリースキー、魚釣りなどのお客さんたちで賑わっています。

　1980年代まで、イタリアならどこにでもあるバール（立ち飲みの軽食喫茶店）はありましたが、集落は寂れる一方で、これを危惧した若者たちが集客施設（ビジターセンター）の整備によって集落の再生を図ろうと立ち上がりました。それが「バレ・ディ・カバリエーリ」です。

　日本語の訳は“騎士団の谷”。イタリアがいくつかの王国・公国に分かれていた中世の時代から、この集落が国境警備団の役割を果たしていたことに由来するものです。

　立ち上がった若者は3人で、理事長のダリオ・トッリ（測量士）、副理事長のジョバンニ・オレステ・トッリ（協同組合金融機関ウニポール職員）、ラミゼート村長のマルチーノ・ドルチ（酪農家）です。理事長、副

"騎士団の谷"のビジターセンター　　　　　左から副理事長、理事長、村長

理事長は1991年２月の設立以来、変わっていません。

　集落の共有財産をつくって集落の再生を図ろうという趣旨から、住民33人から１人5,000ユーロずつ、合計16.5万ユーロを集めて協同組合をつくりました。これに銀行やヨーロッパ復興基金からお金を借りて、総額150万ユーロでホテル、レストラン、バール、直売所からなるビジターセンターと羊乳のチーズ工場をつくりました。

　すでにこの借金は返済し、新たに33万ユーロをかけてソーラーパネルを設置し、売電しています。それが現在の借金残高になっています。年間の売上高はおよそ70万ユーロ、従業員は７人で、彼らの月収は約1,000ユーロです。７人の従業員のうち組合員は２人です。出資組合員33人に対して従事組合員２人なので、31人はボランティア組合員ということになります。

　７人の従業員のうち知的障がい者が２人いて、Ｂ型社会的協同組合の要件（有給労働者の30％以上が「社会的に不利な立場の人びと」）をかろうじてクリアしています。

2. ゼロ Km・メニュー

　彼らの考え方によれば、「障がい者だけが社会的に不利な立場の人びととではない。ラミゼート村の中心地から20kmも離れていて、適当な仕事がみつからない人も社会的に不利な立場に置かれている。だから、われわれはＢ型社会的協同組合の要件を100％満たしている」と主張してい

ます。

　この考え方、すなわち "地域起こし" の考え方を全面的に支持しているのがレーガ・コープです。このためレーガ・コープは新たに「コミュニティ協同組合」を立ち上げようと法制化の運動を強めています。われわれもその活動を広めるためのプロモーションビデオ作成のために、遠来の訪問者としてインタビューを受けました。

　"騎士団の谷" の理念は以上のような「コミュニティ協同組合」にありますが、これをうまく動かすためには優れたマネージャーが必要で、その役割を担っているのがアルバーロ・トッリです。

　われわれが垣間見た彼の一日は、朝５時30分からのチーズづくり、７時過ぎからのバスを使っての児童（幼稚園から中学校までの８人）の送り出し（学校まで片道20km）、スッチーゾ住民のための薬や日用品の買出し、10時過ぎからの厨房やホテルでの業務、午後の児童の出迎え、夕方のレストラン業務のほか、レッジョ・エミリア駅発の定期バス停までの宿泊者の送迎（われわれもこのサービスを利用した）など、めまぐるしいものでした。実際に彼なくして "騎士団の谷" は回りません。

　このほかの６人の従業員は、だれが障がい者か見極められなかったのですが、羊飼い（250頭規模）のジョン、厨房業務のエミリアーノ、直売業務のメアリー、ウエイトレスのピエラ、屋外業務とハイキングガイドのファビオとデービッドという布陣です。

　レストランで提供される料理の原料はすべて自家産、地場産。彼らは

左からピエラ、アルバーロ、エミリアーノ氏

これを「ゼロ Km・メニュー」と称しています。自家の牧場でつくるマトン、ペコリーノ（羊乳からつくる高級チーズ）、リコッタ（ペコリーノの残乳でつくる豆腐状のデザートチーズ）、サラミ、トルテ、パン、ピザなどがそれです。

　日本的にいうと、「地産池消レストラン」になるかと思いますが、こうした取組みが評価されて、CIA（イタリア農業者連盟）から"2013年グリーンフラッグ農業賞"を受賞しました。

3．社会的協同組合「カセイフィシオ・デル・パルコ」

　ペコリーノもそうですが、彼らはパルジャミーノ・レッジャーノ（日本では"パルメザンチーズ"と呼ばれる）の小片にバルサミコ（ブドウ酢）をかけて食べます。パルジャミーノ・レッジャーノはイタリア原産地保護制度（DOP）の適用を受けていて、干し草の段階からパルマ県、レッジョ・エミリア県、モデナ県、ボローニャ県、マントバ県（ロンバルディア州に属するが上記4県に隣接）でつくられたものをいいます。

　バルサミコの特産地はモデナ県です。ラミゼートはパルマ県、レッジョ・エミリア県、モデナ県の県境近くに位置するので、本物のチーズとバルサミコを味わうには絶好地です。ちなみにモデナは世界遺産に登録され、また名車フェラーリの本社・工場のあることでも有名です。

　"騎士団の谷"の発起人にして、ラミゼート村長のマルチーノ・ドルチは酪農家ですが、実はこの地でパルミジャーノ・レッジャーノを製造する社会的協同組合「カセイフィシオ・デル・パルコ」の理事長でもあります。日本語の訳は"公園乳業"となります。

　マルチーノ・ドルチは、スッチーゾ・ヌーボから約5km離れた100haの牧場で、親子で200頭（搾乳牛120頭、育成牛80頭）の牛を飼っています。村長としての仕事は一週間に2時間だけです。現在1期目で、5年任期の4年目に当たります。

　パルミジャーノ・レッジャーノをつくるにはカゼイン（タンパク質の一種）を多く必要とするため、白黒のホルスタインのほかに赤白のホルスタインを飼っています。工場でも、一晩寝かせた牛乳から表面に浮いた脂肪分を抜き取り、それに新しい牛乳を混ぜてチーズをつくっていま

"公園乳業"の前景　　　　　　　　　　ロボットでのチーズ反転

す。

　パルミジャーノ・レッジャーノの DOP 工場は390、そこから 1 個41 kgのチーズが年間310万個生産されます。このため正真正銘のパルミジャーノ・レッジャーノの年間生産量は12.7万 t に過ぎません。

　販売は、事業連合組織である「コンソルツィオ・デル・パルジャミーノ・レッジャーノ」に一元化されています。そこで製品の検査・格付けが行われ、ロット番号が付されて卸売業者に販売されます。販売価格は28か月熟成もので450ユーロ程度とされます。

　"公園乳業"は2006年に 4 工場の統合によって設立され、22戸の酪農家が参加しています。見た目では、社会的協同組合であることは識別できませんでした。酪農協といってもよいのに、なぜ社会的協同組合なのか？これに対するマルチーノ・ドルチの答は「イタリア人は創造性を高く評価する」でした。

第7話
農業協同組合と社会的協同組合の複合体

1．農業の社会的協同組合「ラ・ルチェルナ」

　社会的協同組合「ラ・ルチェル
ナ」はエミリア・ロマーニャ州レ
ッジョ・エミリア県カンページネ
にあります。カンページネは面積
22.4km²、人口5,100人の基礎自治体
です。

　ラ・ルチェルナはイタリア語で
「オイルランプ」を意味します。
歴史的な小型ランプですが、キリ
スト教の理解では "暗夜を照らす

ルチェルナ（オイルランプ）

炎" ないしは "上に置いて人びとを照らすもの" とされています。

　じつは本書の表紙に掲載した写真は「ラ・ルチェルナ」の構成員とそ
の家族を写したものです。あたかも一つの共同体として写っていて印象
的です。

　この組合は、自らをSCAと名乗っています。SCは社会的協同組合、
Aは農業を表し、2つ合わせて「農業の社会的協同組合」という意味に
なるかと思います。実際に、生産・販売を行う農業協同組合と障がい者
を雇用する社会的協同組合の両方の性格を持っています。

　組合員は28人で、そのうち農産物販売を委託する生産者が15人、「ラ・
ルチェルナ」で働く労働者組合員が10人、それにボランティア組合員（友
人たち）が3人という構成です。

　ダウン症や知的障がいのハンディキャップを持った労働者は5人で、
そのうちの1人が労働者組合員です。5人の内訳は、2人の男の障がい

者（軽度）が農作業、1人の女の障がい者（軽度）が野菜の洗浄、男女2人の障がい者（重度）が「ビオケース」（野菜・果実ボックス）のパッキングをしています。

　この農場で生産しているのは各種野菜とその加工品ですが、その中にはイチゴ、メロン、スイカなどの果物と、ピクルス、トマトソースなどの加工品が含まれます。それ以外の果実やワインなどは、全国に散らばる15人の生産者たちがつくっています。すべて有機農産物（ビオ）です。

　同じエミリア・ロマーニャ州内から桃、プルーン、サクランボ、リンゴジャム、シチリアからオレンジ、オリーブオイル、プーリアからワイン、ボルツァーノからリンゴ、パドバァからパスタ、コメといった陣容です。

　地域外の生産者はみな「ラ・ルチェルナ」の組合員ですが、同時にそれぞれの地域の農業協同組合の組合員でもあります。この仕組みは、彼らからみれば"販路の多角化"を図るものですが、委託される「ラ・ルチェルナ」からみれば"商品の多様化"を図っていることになります。買取り販売ではないところがユニークです。

2．GASとの取引

　「ラ・ルチェルナ」の販路は大きく分けて3つあります。

　一つは直売所で、これには農場内に設置された直売所と2台の移動販売車を使ってのパルマでの街頭販売が含まれます。パルマでの街頭販売

農場内の直売所　　　　　　　　　朝市用の移動販売車

は、テントを張り、机を置いての
おなじみの朝市販売です。

　もう一つはオンラインショッピ
ングで、「ビオケース」と名付け
られた木製の野菜・果実ボックス
（中身はお任せ）を1箱18ユーロ（運
送料は別）で販売しています。す
でに700人の登録者を確保してい
ます。

　同じ野菜・果実ボックスを消費

パッキング中の「ビオケース」

者がグループで購入するというケースもあります。これが第3の販路と
なりますが、イタリアではこの購入グループをGAS（団結した購買者の
連帯グループ）と呼んでいます。

　GASは日本の"産消提携"、フランス・スイス・アメリカなどの
CSA（地域に支えられた農業）に相当するもので、生産者と消費者の人
的なつながりの中で安全・安心の食べ物を確保しようとするものです。

　曜日ごとに場所を決めてボックスの受け渡しをする場合は、ボックス
数にかかわらず運送料は無料となります。野菜だけ、果実だけ、野菜と
果実の混合、あるいは単品の注文も受け付けています。

　消費者たちがGASをつくる大きな理由は、ラ・ルチェルナの説明に
よれば、「1箱を小分けにできる」「小分けによっていつも新鮮な野菜・
果実が食べられる」「ワインやオリーブオイルも運送料をかけずに入手
できる」という点にあります。

　GASとの取引は1週間に100〜150ボックスで、これは「ラ・ルチェ
ルナ」の全出荷量の半分に当たります。GASのメンバーに対しては、「オー
プン農場」と称して、日曜の午後に農場案内とパーティを開いて、自
分たちの食べる野菜や果物の知識を深めてもらっています。

　他のヨーロッパ諸国と同様に、イタリアでも有機農産物を求める消費
者が増えています。街には有機農産物のお店（ビオショップ）が確実に
増えています。日本の有機農産物の生産者が1％以下に留まっているの
に対して、イタリアでは5〜6％に達したとされます。

有機農業が成長しているのは、それが小規模農業に適合的だというのが理由ですが、ラ・ルチェルナの販売価格は「コープ（生協）の有機農産物よりもやや安い」水準だとしています。生産者直売の有利性を確保しているといえるでしょう。

3．社会的協同組合としての生い立ち

　「ラ・ルチェルナ」は、これまで紹介してきたレーガ・コープ（左翼系）ではなく、コンフ・コーペラティーヴェ（カトリック系）に属しています。今やその差はほとんどないのですが、概していえば、大規模な社会的協同組合はレーガ・コープに、小規模な社会的協同組合はコンフ・コーペラティーヴェに多いとされます。

　コンフ・コーペラティーヴェの連合組織（コンソルツィオ）がこの組合に提供するサービスは、パルマでの街頭販売の権利取得、会計・税務サービス、ガソリンの価格交渉、給与処理などですが、これらのサービスを受けるための年会費は1,800ユーロです。

　これらのサービスのほかに、コンフ・コーペラティーヴェのコンソルツィオは、経営支援、ソーラー発電などの新規事業開拓、顧問弁護士との契約などを行っており、実際にこの組合もソーラー発電を導入し、かんがい用水の汲み上げや冷蔵庫の電源として使っています。

　理事長はピエトロ・ジラルディーニ氏で、10人の仲間たちと1987年11月にこの組合を立ち上げました。最初の1年間はおもちゃの組み立てをやりましたが、発足と同時に「環境にやさしい農業」「生態系を破壊しない農業」をめざして、レッジョ・エミリア県の研修施設で有機農業を学び、2年目から有機農場を開設しました。

　彼のそれまでの経歴は、アフリカでボランティア活動をやり、帰国してからは薬物依存症患者の更生施設で働きました。そうした社会的活動の経験を踏まえて、自らが描く「障がい者たちが働く有機農場」の経営に乗り出したのです。

　10人の仲間たちは、現在5人に減っています。減った5人のうち、2人は完全に離脱し、3人は別に農業を始めたそうです。経済目的ではなく、社会目的を優先するための有機農場の経営ですが、本音をいうと、

ピエトロ・ジラルディーニ理事長

農業協同組合に純化した方が運営しやすいとのことです。

　その理由は、障がい者を30％以上雇用しなければならないというのが大きな制約になることと、社会福祉事業なので行政庁からの監査が入るのがわずらわしいとのことでした。

　年間の売上げは75万ユーロ、農地は23ha で、すべて借地です。13ha から始めて5 ha、5 ha と徐々に増やして現在の農場を完成させました。年間の借地料（建物付き）は20年契約で1 ha 当たり700ユーロ、総額で16,100ユーロですが、買うと100万ユーロになるそうです。

　日本円で10a 当たり1 万円程度ですが、決して安い借地料とはいえません。高い理由は、この地域一帯が集約的な野菜産地であることが影響していると思われます。ちなみに地主は都市開発を手がけるレッジョ・エミリアの協同組合（Coopsette）だそうです。

第8話

イタリアの産消提携：GASと社会的協同組合

1. GAS「レ・ジャーレ」

　第7話でお伝えしたように、日本でいう"産消提携"による農産物購入グループのことを、イタリアではGAS（団結した購買者の連帯グループ）と呼んでいます。今回紹介するGASは、レッジョ・エミリア市内にある「レ・ジャーレ」です。ジャーレに特別の意味はなく、「レッジョ・ミエリア産の責任購買を一緒になって促進する社会的集団」というイタリア文の各単語の頭文字G、I、A、R、Eをくっつけた名前です。

　アソシエーション（社団）の資格を取っていて、理事長はクラウディオ・ファルドゥート氏。会員は110家族で、これを最大で30家族とする5つの小グループに分けて運営しています。

　2006年に15家族からスタートしました。日本の生協の班組織と同様に、食料や日常品を共同で注文し、配送ポイント（通常はガレージ）に置かれた通い箱から各家族の注文分を小分けにします。年会費は10ユーロです。

　会員たちは「自分たちが欲しいものを、欲しい時に、信頼できる生産者から直接購入する」という思いで結ばれています。同時に、「環境と人間を尊重し、家族同様の信頼関係で結ばれた集団」という理念を共有していることから、たとえば食品を選択する場合には"有機食品"であることが重視されます。

　しかし、"有機食品"であればよいのかというとそうではなく、だれがつくっているかが提携の重要な判断基準となります。生産者が信頼できる人であれば、"有機食品"でなくても提携を始めるとしています。

　有機野菜の通い箱（ビオケース）に何が入っているかを問わないという点では、日本（産消提携）やアメリカ（CSA）、フランス（AMAP）、

ファルドゥート理事長

スイス（ACP）などと同じですが、料金の前払いは行っていません。ただし、例外はあって、信頼できる生産者が困っている時には前払いをすることもあるそうです。

　たとえば、ミラノのチーズ工場が倉庫を建替えようとした時に銀行融資を受けられないという事態が発生しました。この時は提携先の100のGASが総額で30万ユーロを無利子で貸し出し、チーズ工場はその借金をチーズで返済したそうです。

2．「レッジョ・エミリア産の責任購買」という意味

　個々のGASが個々の農場と1対1で結ばれるというのがアメリカ（CSA）で行われている産消提携ですが、イタリアのGASにはそのようなルールはありません。

　複数のGASと複数の農場とが地域を舞台に、責任購買と責任販売を続けるというのが通常のやり方です。

　具体的にいえば、レ・ジャーレをはじめとするGASのグループと、今回登場するラ・コッリーナや前話で登場したラ・ルチェルナなどの有機農場のグループとが、レッジョ・エミリア県という領域の中でネットワーク的な産消提携を行うというやり方が導入されています。

　ただし、すべてがレッジョ・エミリア産かというとそうではなく、柑橘類はシチリア産、パスタはモデナ産を利用していますし、購買する商品も衣類や化粧品、靴などに及んでいます。あくまでも「信頼できる生

直売所に並ぶ野菜と野菜加工品

産者」と提携し、購買するというのが原則です。

　レッジョ・エミリア県には、アソシエーションの資格のある GAS が 5、その資格がなく任意団体の GAS が10あり、また農場（野菜、野菜加工品、果実、ワイン、チーズなどの生産者）も15あって、それらが相互的に産消提携を結んでいます。いってみれば "レッジョ・エミリア地産池消ネットワーク" といった趣きがあります。

　そうした地域的ネットワークの中で、レ・ジャーレはラ・コッリーナから有機ワイン（ランブルスコ＝発泡性の赤ワイン）を、ラ・ルチェルナから有機野菜を購買しています。どこから何を購買するかは、個々の GAS の選択に任せられています。

　また、この地域的ネットワークの構成員には、農産物の共同購入を行う GAS のほかに、さまざまな社会的活動に取組むアソシエーションが含まれています。高齢者支援や子育て支援、住宅のあっ旋、フェアトレード商品の共同購入、さらにはコミュニティバンクにまで活動範囲を広げたアソシエーションが含まれています。レッジョ・エミリアにはこの種のアソシエーションが20あるとのことです。

3．社会的協同組合「ラ・コッリーナ」

　農業を行う社会的協同組合「ラ・コッリーナ」もレッジョ・エミリア市内にあります。コッリーナはイタリア語で「丘」を意味します。

　提携先の GAS は、レ・ジャーレを含めて 3 つあります。それらの

GASに有機野菜や野菜加工品（ビン詰め）、有機ワインなどを提供していますが、取扱高は全体の数パーセントに過ぎず、産品の多くは直売所、朝市（移動販売車）、輸出でさばかれているそうです。

　輸出はランブルスコを中心に、フランス、アメリカのほか、日本にも送られています。日本への輸出はつくば市の輸入業者を窓口とするもので、インターネット販売も行っています。

　理事長はアンドレア・フェレッティ氏。組合員は120人で、労働者組合員が15人、趣旨に賛同し、農産物を購入する投資組合員が95人、農産物販売を委託する生産者組合員が10人という構成です。

　農場では9人の依存症患者（薬物、アルコール、過食、ニコチンなどの依存症）を受け入れていて、これに3人の指導者（インストラクターとそのアシスタント）を配置しています。このことに対してUSL（イタリア地域保健機構）から助成金が出ています。

　農場面積は35ha。内訳はブドウ5ha、穀物5ha、野菜20ha、牧草5haです。売上高は、上記助成金と依存症患者への住宅提供代を含めて180万ユーロとされます。

　設立は1975年で、当初から依存症患者を受け入れる農場としてスタートしました。1983年まで慣行農法を行っていましたが、その後は有機農法を採用しています。ただし、1998年から同じ有機農法ではあるものの、ドイツのルドルフ・シュタイナー氏の提唱による"ビオ・ダイナミックス農法"に転換しています。

ランブルスコを手にするフェレッティ理事長

野菜畑、遠くに作業中の依存症患者の姿が見える

ビオ・ダイナミックス農法への転換は、野菜作を拡大するうえで粘土質土壌の改良が不可欠となり、家畜たい肥、緑肥を使った不耕起栽培の導入でこれを克服するためのものです。また、穀物をつくっているのは畜産農家とたい肥交換を行うためです。

　ラ・コッリーナで興味深いことは、依存症患者の社会復帰プログラムを手がけるその他の社会的協同組合と姉妹提携を結んでいることです。

　社会復帰プログラムは次の三段階で構成されています。

　第一段階は、ショートステイやデイサービスを行って依存症の軽減を図る取組みです。これを行っているのは社会的協同組合「ラ・クエルシア」で、イタリア語で「樫の木」という意味があります。

　レッジョ・エミリア市内から南西へ約15km離れているカノッサにあります。ここでは鶏を飼っていて、農業型滞在施設の趣きが醸し出されています。小中学生の農業研修プログラムも提供されています。

　第二段階が「ラ・コッリーナ」で、依存症患者の職業訓練という役割を担っています。

　第三段階は、依存症からの脱却の最終段階として、ディーセントワーク（働きがいのある人間らしい仕事）を進めようとする取組みです。これを行っているのは社会的協同組合「ラ・ヴィーニャ」で、イタリア語で「ブドウ畑」という意味があります。

　この組合は「ラ・コッリーナ」のすぐそばにあり、道路清掃、街路樹の維持管理、ごみ収集、建物消毒など、各種の公共サービスを提供しています。

第9話

『ボローニャ紀行』で紹介された社会的協同組合

1. 社会的協同組合「コーパップス」

　コーパップス（COpAPS）は、おそらく日本で一番よく知られた社会的協同組合ではないでしょうか。井上ひさしの『ボローニャ紀行』で紹介されて以来、日本からの来訪客が数多く押し寄せています。

　ボローニャ中央駅からローカル電車に揺られてアペニン山脈の方向へ進むこと約30分、サッソ・マルコーニ駅に到着します。そこから車に乗って数分のところにコーパップスがあります。

　コーパップスとは、イタリア文で「生産的活動と社会的活動のための協同組合」の各単語の頭文字をつないだもの。知的障がい者を雇用するための農場、直売所、造園・緑地サービスを営む事業所と、そこから6km離れた山間地にあって、知的障がい者の職業訓練を行うための農場、ホテル・レストランを営む事業所の2か所に分かれています。

　コーパップスの本部は知的障がい者を雇用する事業所に置かれていて、B型の社会的協同組合の役割を果たし、また山間地にある知的障がい者

サッソ・マルコーニ駅

の職業訓練を行う事業所は A 型の社会的協同組合の役割を果たしています。この両者を合わせて A＋B 型の社会的協同組合という性格を持っています。

コーパップス本部にある直売所は"カ・デル・ボスコ"（森の家）と呼ばれ、山間地にあるホテル・レストランは"イル・モンテ"（山）と呼ばれています。農場では有機農業をメインとしていますが、完全なものではなく、およそ半分くらいとの説明を受けました。

労働者数はしばしば変動するものの、およそ50人。そのうちの14人が知的障がい者です。B 型社会的協同組合は労働者の３割以上を障がい者としなければならないという条件がありますが、それをぎりぎり満たしています。残り36人の健常者の内訳は、農業ならびに造園・緑地サービスの従事者25人、"イル・モンテ"の教師５人、ホテル・レストランの従事者３人、事務管理３人となっています。

組合員は40人で、25人が労働者組合員、15人が投資組合員（利用目的で参加している元従業員）という構成です。ボランタリー組合員や生産者（農業者）組合員はいません。総会は組合員によって構成される組合員総会が年２回、組合員であるか否かを問わず労働者全員で構成される従業員総会が年３回開かれています。

２．コーパップスの経営

コーパップスはレーガ・コープ系に属し、理事長はロレンツォ・サンドリ氏。サンドリ氏の経歴やコーパップスの設立経緯は井上ひさしの『ボローニャ紀行』に詳しいので、ここでは省きますが、見た目も話しぶりもパワフルな「社会的事業家」という印象を受けました。

彼が井上ひさしのいう"半農半学"の教育農園を立ち上げたのは1981年のことです。しかし、1991年に社会的協同組合法が制定されたことから、1994年に A 型、2002年に A＋B 型の認定を受けました。

土地は全部で80ha で、本部事業所が47ha、"イル・モンテ"が33haです。本部事業所にある農場は30ha で、これは自作地ですが、その他は借地です。また、"イル・モンテ"の土地と建物はボローニャの「障がい児童に対する公的な人的支援」（ASP irides）という公益法人から借

りています。

　農場では野菜（アスパラ、トマト、インゲン、キャベツなど）、果物（ブドウ、イチジク、ナシなど）のほか、花、苗、樹木、堆肥などをつくり、直売所で売ったり、造園・緑地サービスで使ったりしています。売れ残りの野菜や果物は加工に回します。

　直売所は野菜・果物・加工品を

ロレンツォ・サンドリ理事長

扱う直売所（食品店）と、ガーデニング用の花、苗、樹木、堆肥、石などを扱う直売所（園芸店）に分かれています。値段は市価よりも20％ぐらい安く、人気があります。「どうせ買うなら、地元でつくられた農産物や園芸品を買いたい、それが地域貢献になる」と考える消費者によって支えられています。

　じつは園芸店の販売担当者は知的障がい者です。２人いますが、彼らの計算能力はきわめて高く、半年ごとに継続雇用の協議を行いながらもずうっとこの仕事を続けているそうです。給料は障がいの程度によって異なり、１か月800〜2,000ユーロとされます。その半分は国からの公的援助でまかなわれますが、400ユーロ程度とされる障がい者年金よりもはるかに高く、障がい者の労働参加への強い動機付けとなっています。

食品店

知的障がい者が配置された園芸店のカウンター

売上は合計でおよそ170万ユーロで、その内訳は農業生産25万ユーロ、造園・緑地サービス75万ユーロ、職業訓練30万ユーロ、残りがホテル・レストラン、発電（太陽光パネル）によるものです。

　農業生産よりも造園・緑地サービスの売上のほうが大きいのですが、サンドリ氏によれば「われわれの農場は、社会的協同組合が行う農業としては大きすぎてメリットが出ない。決して簡単ではないが、経営安定のために造園・緑地サービスは必要だ。造園・緑地サービスは、半分が公共事業によるもの、半分が家庭・事業所によるもの」と説明してくれました。

　これまでにも述べてきたように、通常、社会的協同組合はいくつかの事業部門を抱えています。その理由の一つは障がい者によってできる仕事とできない仕事とがあって、彼らに適切な労働機会を与えるためには複数の事業部門を抱える必要があること、もう一つは事業の継続性（サステナビリティ）を高めるためには複数の事業部門を抱えて、全体の帳尻をあわせる必要があることによります。

3．アグリツーリズモ「イル・モンテ」

　日本でいう「アグリツーリズム」のことを、イタリア語では「アグリツーリズモ」と呼びます。ホテル・レストランを構えて、都市住民に快適な農山村空間と地産池消の食を提供しようとするものです。

　アグリツーリズモ「イル・モンテ」は、それに加えて知的障がい者に職業訓練の場を提供するという役割を担っています。したがって、その理念も、①身体と精神の回復、②社会的農場の実践、③余暇的・文化的活動の提供、の3つに置かれています。

　イル・モンテは、文字どおり見晴らしのよい山の上にレストラン棟とホテル棟の2棟を構えています。2棟の屋上には太陽光パネルが設置され、その周りはよく整備された訓練農場や庭園が広がっています。ホテル、レストランはともに予約制で、ホテルは平日、レストランは休日の営業です。

　ここの自慢料理は、訓練生たちがつくるボローニャ風パスタです。手打ちパスタに粗挽き肉からつくられた濃厚な味わいのボローニャ風ソー

スが乗っています。これを得意と
する訓練生が料理するのですが、
訓練生は調理のほか、部屋掃除、
庭園管理、農業生産なども行い、
将来の自立に備えています。

　井上ひさしが書いたように、レ
ストランの入口のドアには、野球
のベースくらいの大きさのセラミ
ックプレートが貼ってあります。
真ん中に「il monte」というレス

イル・モンテのセラミックプレート

トラン名が焼き付けられ、その周りに14枚の自画像のプレートが並んで
います。自画像には署名入りのものもありました。

　レストランでは縦長のテーブルが一列に広がっていました。そんなテ
ーブルを配置した理由は簡単です。われわれのほかに、仙台市の障がい
者福祉サービス事業所「NPO法人シャロームの会」の視察団がやって
くるからでした。当日はミラノ空港からの直行ということでしたが、サ
ンドリ氏を交えながら賑やかな昼食会となりました。サンドリ氏による
組合の案内は、われわれが午前、シャロームの会が午後という振り分け
でした。

第10話
フランスの SCOP と SCIC

1．SCOP（参加型協同組合）の誕生と発展

　産業革命期に起こったヨーロッパの協同組合運動は、イギリスでは消費協同組合、ドイツでは信用協同組合、フランスでは労働者協同組合がその典型とされます。ただ、ビュッシェを理論的リーダーとするフランスの労働者協同組合運動は長続きすることなく、その多くは一般の会社へ転換していきました。

　現在、フランスの労働者協同組合とみなされているのは SCOP（参加型協同組合）ですが、これは産業革命期の労働者協同組合とは直接的なつながりを持っていません。産業革命期の労働者協同組合は手工業者(職人たち)によって組織され、現在の労働者協同組合は工業部門の賃金労働者たちによって組織されたことを特徴としています。

　SCOP という名の労働者協同組合が法定化されたのは1978年です。しかし、それ以前から労働者協同組合は誕生しており、その始まりは第2次世界大戦前に工業部門の労働者たちによって組織されたアソシエーション（社団）とされます。第2次大戦後の1947年に協同組合一般法が成立しますが、それを契機にアソシエーションから協同組合への転換が図られたのでした。

　この協同組合一般法でとくに重視されたのが、一人一票制と不分割積立金という制度です。SCOP として設立され、税法上の特典を得るには、従業員のうち組合員の占める割合が50％以上であること、一人一票制が導入されていること、剰余金のうち50％以上を不分割積立金に繰り入れること、などが必要とされます。一般の協同組合においては不分割積立金の繰り入れは15％以上でよいのですが、SCOP にはとくに厳しい制約が課せられています。

　この不分割積立金の制度は、法人として利益をあげても、そのすべてを構成員に分配するのではなく、長期的な資本を蓄積し、経済活動を安定的に行うためのものと理解されます。

　SCOP を設立する方法は３つあります。①市民による起業、②一般会社の協同組合への転換、③経営難にある企業の買収、ですが、税法上の特典があることに実業家たちは反発を示しているとされます。政治家も、政党とは関係なく支持者が分かれていて、ドゴールは理解を示し、サルコジはそうではなかったとされます。

　協同組合とはいっても、法人登録は SA（株式会社）ないし SARL（有限会社）として行われます。SA と SARL との違いは、出資が流通性を持つ有価証券かどうかによって決まります。SA では持分が流通性を持つのに対し、SARL は流通性がなく、譲渡には構成員の過半数の同意が必要とされます。

　SA は大規模の、SARL は中小規模の協同組合が多いのですが、SCOP は中小企業が活躍できる事業分野に数多く進出しています。具体的には、建設・公共事業関連、食品・農業・園芸関連、物的サービス（商業、運送業、環境関連など）、知的文化的サービス（福祉、コンサルティング、IT、教育など）などがそれです。

　ただ SA、SARL として登録されるとはいうものの、協同組合から一般の SA、SARL への転換は許されません。これについては毎年、商業裁判所の検査が入り、５年に１回、申請通りの運営がなされているか国の検査が入ります。さらにまた、事業の種類を変えることも許されていません。事業の種類を変える場合には、すべての権利を同業種の協同組合へ移譲することが求められます。

　注目すべきは、最近になって SCOP の「P」に違う単語が用いられるようになったことです。以前の P はプロダクション、つまり「生産協同組合」という名称でしたが、現在の P はパーティシペイティブ、つまり「参加型協同組合」という名称が使われるようになっています。労働者自身が経営参加する協同組合という表現を強調するようになったのです。

2．SCIC（社会的共通益協同組合）の誕生と発展

　SCIC はイタリアの社会的協同組合に相当するものをいいます。この制度はそれほど古いことではなく、2001年に導入されました。この年に行われた協同組合一般法（1947年制定）の改正に当たって、新たな種類の協同組合として法制化されたのでした。

　SCIC を直訳すると「社会的共通益協同組合」となりますが、その名の通り、法制化の目的は、社会的に有益性を備えた共通の利益にかなう財・サービスの生産や供給を奨励することにあります。このような経緯は、イタリアの労働者協同組合から社会的協同組合が派生してきたことと似ています。

　実際に、法制化にいたった契機は、1991年のイタリアの社会的協同組合法の成立にあるとされます。このことから、この種の協同組合としては後れをとった対応という評価が可能です。

　ただし、その事業分野はイタリアよりも広く、ハンディキャップを持った人びとの就労支援のみならず、環境（たとえば木質バイオマス発電）、地産地消、有機農業、演劇・音楽、製品開発（たとえば接着剤の開発）、物的サービス（たとえばカーシェアリング）、知的文化的サービス（難聴者に対するインターネット上での手話サービス）など、自治体などと連携しながら、小さな地域（コミュニティ）での社会的・経済的基盤を高めるための事業を展開しています。いわばコミュニティ・ビジネスと同じ発想のものといってよいでしょう。

　SCOP から SCIC が派生してきたという経緯から、全国組織の事務局も SCOP の中につくられ、その運営に対して政府の補助金が投入されています。

　SCIC と SCOP との違いの一つに、SCIC では剰余金の処分に当たって、そのすべてを不分割積立金に繰り入れなければならないという規定があります。SCOP と比べて SCIC は公共性の高い事業を行っていること、自治体の出資も受け入れていること、事業規模もおおむね小規模なものが多く、経営基盤の拡充が求められていること、などがその理由と思われます。

　フランスが SCIC をつくった政策上の理由は、SCIC を労働者協同組合の発展形としてとらえたというよりも、アソシエーション（社団）やNGO のような非営利団体を協同組合に転換させようとしたことにあるとされています。フランスではこれらの非営利団体が数多く存在するばかりではなく、経済的活動としても大きな役割を果たしており、その中には準備金を持ち、多数のプロジェクトを展開するような非営利団体も誕生していることから、それらを協同組合へ転換するほうが望ましいと判断されたのです。

　SCIC という名の新しい協同組合をつくることによって、アソシエーションや NGO のよいところを持ちながらも、経営基盤の整った企業形態を採用できるようにする、という狙いが込められていました。

　たとえば、農業団体として有名な CUMA（農業機械の共同利用組合）は、フランス全土で約１万の組合と約８割の農民組織率を誇っていますが、その中には農業機械を農民以外（事業者を含む）に貸し出すような組合もあれば、反対に、組合と組合員との関係が密接になりすぎて、外部との関係が遮断されているような組合もあって、もっと地域社会に開かれた組合にするためには SCIC の導入が必要ではないか、という政策判断があったとされます。

　ただし、こうした狙いは必ずしも成功しているとはいえません。それは SCOP が発表している統計資料をみても明らかです。近年増加しているとはいうものの、2014年現在、事業体数は408、従事者数は3,300人にとどまっています。制度発足から10年以上を経過したことからすれば、やや物足りない結果です。事務局の説明によれば、それには以下に述べるような組合員ガバナンス（協同組合における組合員統治）の複雑さが絡んでいるとされます。

　ちなみに、2014年現在、SCOP の事業体数は2,222、従事者数は47,500人で、これも思ったよりは多くありません。

3．SCIC のマルチステークホルダー型運営

　SCIC の特徴は、マルチステークホルダー、すなわち多様な利害関係者が出資者として参加していることです。これは任意ではなく義務とな

っています。

　ここで「多様な利害関係者」とは、①労働者（労働者協同組合の側面）、②ボランティア（NGOの側面）、③利用者（消費協同組合の側面）、④活動趣旨の賛同者（資金提供者の側面）、⑤地方公共団体（公益団体の側面）、の５種類の組合員カテゴリーから構成されています。

　SCICとして認定されるには、以上の組合員カテゴリーのうち必ず３種類以上のカテゴリーを含んでいること、そして、そのカテゴリーの中には必ず「労働者」と「利用者」の２種類を含んでいることが要求されます。ここから指摘できることは、さまざまな立場の人たちが組合員として参加し、地域に貢献する姿を求めているということです。

　ガバナンスの仕組みは、それぞれの種類の組合員が集まったコレージュ（部会）において１票を行使し、そのうえで各々のコレージュは、定款での定めがないかぎり、同数の投票を総会で行使するというものです。言いかえれば、各々のコレージュの組合員数が異なっていても、コレージュとしての投票権は等しいということになります。

　ただし、実際には定款でそれぞれの組合にふさわしい投票権を各コレージュに割り当てることができます。たとえば、労働者に40％、利用者に30％、自治体に20％、賛同者に10％、といった傾斜配分がなされています。もっとも、各コレージュに与えられる投票権は、10％以上、50％未満でなければなりません。また、コレージュの投票権の配分に当たっては、構成員や出資金の多寡を反映しなくてもよいことになっています。

　以上のような二階建てのガバナンスの構造は、一人一票制というかたちでコレージュに属する個人の利害に配慮するとともに、それぞれのコレージュが果たす責任の割合において、他のコレージュと協力し、ともに共通の利益を決定するのが社会的に望ましい、という法理念に支えられています。

　したがって、ここが一番むずかしいところですが、「対立をはらむ協力」がコレージュなり、コレージュの構成員たちに要求されています。その「対立をはらむ協力」は、協同組合の存続と発展を求める共同決定によって止揚され、立場の相違は解消されなければなりません。

　と同時に、そこで決定されるものは、組合員の利益だけではなく、社

会的有益性を確保するために、地域の利害を考慮したものとなっていなければなりません。自分のためという共益性よりも、地域のためという公益性が優先されていなければなりません。共益性を持つ協同組合に公益性が要求される。ここにむずかしさが潜む基本的な理由があります。SCIC が当初の期待通りには広がっていないのは、その志の高さにあるのかもしれません。

第11話
SCICの2つの事例

1. "良いとこ取り"の協同組合

　第10話で述べたように、フランスでは1947年に協同組合一般法が制定され、そのもとで各種の個別法が制定されました。協同組合の公益性に関係する個別法としては、1978年のSCOP（参加型協同組合、その法律名は「生産協同組合の地位に関する法律」）、2001年のSCIC（社会的共通益協同組合、その法律名は「社会・教育・文化的な側面の多様な規定に関する法律」）の2つがあります。SCICはコミュニティ利益協同組合と訳される場合もありますが、SCOPがいわゆる労働者協同組合、SCICがいわゆる社会的協同組合のジャンルに入る協同組合とされています。

　パリにあるSCIC本部の広報担当者の説明によれば、SCICは労働者協同組合と消費者協同組合の"良いとこ取り"の協同組合とされ、マルチステークホルダー（多様な利害関係者）型協同組合という特徴を持っているとされます。構成員として参加が必須とされるのは、本来は利害が対立すると考えられる生産者（労働者）と消費者（利用者）ですが、このほかにも地方公共団体、NGO、企業、個人ボランティアなど、地域コミュニティを構成する人びとの参加が可能となっています。

　これらの参加者は最低3種類の組合員カテゴリー（これをコレージュ＝部会と呼びます）によって分類・構成されなければなりませんが、定款で特別の定めがないかぎり、各コレージュは構成員数にかかわらず同数の投票権を行使できるとされます。ただし、これは原則であって、実際には変更可能です。変更の場合は、一つのコレージュに対して10％以上50％未満の範囲内でしか投票権を与えることは許されません。これは一つのコレージュの権利は、小さすぎてもいけないし、大きすぎてもいけないという意味を持っています。

　総会前に開かれる各コレージュの投票結果は、これを総会議決に反映させなければなりませんが、反映の方法には「過半数の決定をそのまま総会に反映させる」総取り方式と、「コレージュ内の投票結果を比例させて総会に反映させる」比例方式とがあります。意思反映にもいろいろな方法があることを示しています。

　こうした２段階議決の方法は、利害関係が錯綜するマルチステークホルダー型協同組合の運営方法としては優れていますが、その反面、手続きが面倒だという欠点もあり、小さな協同組合が多い SCIC にふさわしい方法かというと、必ずしもそうとはいえません。

　言いかえれば、法律自体は生産者と消費者との「対立をはらむ協力」を前提につくられていますが、実際にはそこに至るほどの利害対立は生まれていないという現実があるのです。利害対立が生まれないかぎり、コレージュを通した２段階議決の意義は低いといってよいのではないでしょうか。

　現在までに数多くの分野で SCIC が設立されていますが、2011年の時点では農業関係の SCIC を見つけにくかったため、以下では農業者を巻き込んだ SCIC の事例を報告したいと思います。具体的にはレストランと農産物直売所の事例です。

２. 「タルト・エン・ピオン」（サンマルタンデール・イゼール県）

　サンマルタンデールは、フランス南東部グルノーブルに隣接する人口3.5万人の基礎自治体です。グルノーブルはイゼール県の県庁所在地で、1968年冬季オリンピックが開催されたことでも知られています。

　店名のタルト（Tart）はお菓子、ピオン（Pion）は駒、すなわちゲームを表しており、地域のゲーム愛好者たちが集まって、レストランを2010年に立ち上げました。レストラン内には有機食品店とゲーム機が設置されており、地域の人びとが親しく交流する場として構想されました。お店は市街地の中心部にあり、優れた立地条件を持っています。

　もともとこのお店はバル（飲食店）でしたが、経営がうまくいかず、閉鎖されました。タルト・エン・ピオンはそれを買い取った人から毎月2,500ユーロで借りています。

タルト・エン・ピオンの第1のコレージュは生産者（労働者）ですが、その構成員は5人で、各人が200ユーロずつを出資しています。このうちの中核的な構成員は2人で、女性のシャルロット・ファン・トールさんがマネージャー役と接客サービスを担い、男性のバジル・ロンバードさんがシェフとして働いています。5人の構成員の中には銀行マンもいて、彼は専門性を活かして経理を担っているとされます。

　第2のコレージュはゲーム好きのボランティアですが、その構成員は10人で、各人が200ユーロずつを出資しています。このほかにタルト・エン・ピオンには出資をせず、ゲーム会員として年会費を払う人たちが50人位います。この中には、ゲーム好きの若者ばかりではなく、家族連れやお年寄りも含まれています。もともとこの人たちは、アソシエーション（社団）を結成していて、そのアソシエーションがタルト・エン・ピオンに丸ごと入ってきたという経緯があります。

　第3のコレージュは消費者（利用者）ですが、その構成員は67人の個人と5つの団体とから成り、合計で3万ユーロを出資しています。彼らがいわゆるお店の常連客を形成しています。

　わたしたちがこのお店を訪れたのはランチタイムの終了間際の時間でしたが、サラリーマン風の男女が食事をしていました。

　この協同組合は以上3種類のコレージュで構成されていますが、総会の投票権は各コレージュに均等に割り当てられています。ただし、これ以外にも主要なステークホルダーが2種類あることにも注意を払う必要

シャルロット・ファン・トールさん

タルト・エン・ピオン（昼休み中）

があるでしょう。それは農業者と行政（基礎自治体）です。彼らはこの協同組合の目的に強く賛同し、さまざまな形で協力はしているものの、大きな影響力を行使してはいけないと考え、協同組合には参加していません。

　このうちの農業者は約30人の有機農業者によって構成されています。タルト・エン・ピオンは彼らから農産物を直接的に仕入れ、店内にある有機食品店で販売しています（買取販売）。レストラン部門は、その中から必要な商品をピックアップして料理に回しています。有機農業者たちが影響力を行使しないのは、彼らはタルト・エン・ピオンのほかにも数多くの販路を持っているためです。

　一方、もう一つのステークホルダーたる行政（サンマルタンデール）は大変重要な役割を演じています。もともと首長の肝煎りでこの事業が始まったこともあって、ソーシャルファンド（寄付金）から１万ユーロ、サンマルタンデールから1.5万ユーロ、グルノーブル郡から0.5万ユーロの、合計３万ユーロの資金獲得の道を開きました。

　出資金と資金援助とを合計すると6.3万ユーロとなりますが、これを元手としてSCICをSARL（有限会社）として立ち上げました。潤沢な資金援助を受けたために銀行借り入れを行う必要はありませんでした。トールさんの話によれば、「お店がSCICだということを説明すると、だれもがお金を出したがったし、実際にいろいろなところからお金を出してもらえた、そのことに深く感謝している」とのことです。

　年間の売上高は約21万ユーロ、１日の平均客数は、有機食品店で約15人、レストランで約30人とのことですが、マネージャー兼接客サービスやシェフの重労働に見合うような給料は得られておらず、利益の出る段階にも至っていないとのことです。

　やや憂いのある彼女の話しぶりが今でも印象に残っています。

3.「ラ・カルリーヌ」（ディー・ドローム県）

　カルリーヌはアザミ（花）を意味し、フランス南東部にあるベルコール自然公園南端のドローム県ディーに位置しています。有機農産物の直売所を経営していますが、その中には学校給食の食材供給も含まれて

います。

　ディーはディー郡庁の所在地とはいうものの、山あいにある人口4,500人の小さな村です。ドイツやオランダからの移住者が多く、プロテスタントの地域とされています。そのためか、学校給食における有機農産物の利用はドローム県全体では５％にすぎませんが、ディー周辺では25％（正式認証分のみ）にものぼっています。この住民気質を受けて有機農産物の需要も見込まれるのではないかと考え、1989年に有機農産物の共同購入グループを発足させました。当初はアソシエーション（社団）としての設立でした。

　当時の構成員（共同購入の利用者）は10人にすぎませんでしたが、2003年に500人を超えた段階でお店を構え、2008年に900人を超えた段階でSCICに転換しました。法律的にはSARL（有限会社）としての立ち上げでした。

　SCICへの転換に当たって、出資者は900人のうちの200人に留まったそうですが、彼ら・彼女らは有機農産物の絶大なる信奉者、つまりは協同組合の主要な構成員とみなされています。現在の固定客は約1,000人ですが、商圏人口は約１万人と見込まれているので、高い比率で固定客を確保していることになります（ちなみに固定客の1,000人は1,000世帯、1世帯当たり人員数を４人とみなせば、人口ベースの市場占有率は40％となります）。

　コレージュの投票権比率は、農業者（30人、１人500ユーロの出資）が30％、労働者（6人、１人1,500ユーロの出資、出資金は積立方式を採用）が30％、利用者すなわち消費者（200人、１人200ユーロの出資）が30％、ラ・カルリーヌの活動・事業の趣旨に賛同する者（10人）が10％となっています。コレージュ別の出資者数も、出資金額も、消費者がいちばん多いのですが、投票権比率では30％に制限していることが読み取れます。

　出店に当たってはFEADER（農村開発のための欧州農業基金）から補助金を獲得し、NEF（資金連帯の協同組合＝信用協同組合）からも借り入れを行いました。

　ラ・カルリーヌはその生い立ちからして、「消費者の組織」としての性格を持っています。また、年間の売上額も約80万ユーロにのぼり、固

ラ・カルリーヌ

定客をしっかりと確保しています。そういう観点からすれば、消費者の
出資者数を増やし、コレージュ別の投票権比率も引き上げて、より一層
の発展をめざしてもよいのではないかと思いましたが、市場占有率がす
でに天井を打っていることから、理事長であるシルビィー・ギィビング
スさん自身はその意思を持っていませんでした。

　こうした事情を踏まえてのことだと思いますが、イギリス人の父を持
ち、積極的な性格の彼女は、ラ・カルリーヌとは別に、食材の95％を有
機食品でまかなうヘルシーフード・レストランを3人の仲間で始めてい
ます。3人の仲間とは、お互いに気心の知れた有機農業者、レストラン
のマネージャー、そしてギィビングスさんの3人を指しています。現在、
このレストランはSCOPとして登録されていますが、この経営も順調

シルビィー・ギィビングスさん

ヘルシーフード・レストラン（SCOP）

に伸びています。

　一見して物静かな運動家然とした風貌ですが、彼女の大きな夢は、有機農業者、流通業者（直売所・レストラン）と、消費者、さらには芸術家とを結びつけて、地域の発展なり、地域の福祉向上に役立ちたいという点にあります。そういう観点からすると、「アソシエーション（社団）では内部留保が許されず、発展の可能性はない。SCICへの転換やSCOPの導入は成功であった」と高く評価しています。事業の継続性の確保、これが協同組合の優れた特徴であると理解していました。ちなみに、彼女のご主人も有機農業者とのことです。

第12話
日本のソーシャルファーム

1. もう一つのソーシャルファーム

　ソーシャルファームを英語で表すと "Social-firm"、日本語では「社会的企業」という意味になります。障がい者、高齢者、家庭内暴力（DV）被害者、刑務所出所者、ホームレスなど、社会的排除を受けている人びとに就労の場をビジネス手法で提供する事業体のことを指しています。これまで述べてきたように、ヨーロッパでは協同組合をはじめとして、この種の事業体が急速に拡大し、経済・社会において一定の地位を占めるようになりました。

　しかし、世の中にはもう一つのソーシャルファームがあります。それが "Social-farm"、日本語では「社会的農場」という意味になります。事業の目的は「社会的企業」と同じですが、就労の場を農業およびその関連産業に求めるというものです。本書では、これまでこの種の「社会的農場」の事例をヨーロッパに求め、紹介してきました。

　今話からは日本に移ります。日本にも「社会的企業」はもちろんのこと、「社会的農場」も数多くあります。最近では、障がい者の就労支援を目的とする「社会的農場」の取組みを"農福連携"と呼び、農業の新しい価値を見出したような趣きを呈しています。

　ただ、協同組合ではなく、社会福祉法人や特定非営利活動法人（NPO法人）が農業やその関連産業に進出し、農業生産法人を設立する事例が多くなっています。協同組合が「社会的農場」を展開する事例はあまりありません。その理由は、わが国には労働者協同組合法なり社会的協同組合法が存在しないという制度的制約によります。しかし、制度とは別に、実態的には協同組合形式による「社会的農場」という事例は少なくありません。

社会的農場ないしは農福連携の展開を可能にしている理由は、農業側、福祉側のいずれにもあるでしょう。農業側の事情としては「担い手が不足している」「耕作放棄地が増えている」、福祉側の事情としては「働く場が不足している」「賃金がきわめて低い」などがそれらです。そのほか、農業であれば「障がいの程度に応じた作業を割当てられる」「自然や動物とのふれあいで情緒の安定や心身の回復効果が期待できる」「農産加工を組み込めば収入が増える」などの事情も大きいものと思われます。

　もう一つの要因として、障がい者雇用を義務づける「障害者雇用促進法」第43条第1項によって、民間企業は2％、従業員50人規模の企業は1人以上の雇用が義務づけられていて、その義務を履行できない企業には1人当たり5万円の罰金と企業名の公表というペナルティが課せられるという事情があります。企業はこの義務を履行するために「特例子会社」をつくり、親会社の分も含めた障がい者の雇用を行うことが多くなっています。その子会社の事業として、農業や食品関連分野に取組む事例が増えているのです。

2．ソーシャルファームジャパン

　「社会的企業」という意味のソーシャルファームの事業展開を促進する組織として、ソーシャルファームジャパン（炭谷茂理事長）が設立されています。そのホームページには全国の活動事例が数多く掲載されています。2015年6月には、第2回「ソーシャルファームジャパンサミット in びわこ」が滋賀県大津市で開催され、全国から数多くの参加者が集まりました。また、株式会社はたらくよろこびデザイン室からは「社会をたのしくする障害者メディア」として季刊誌『コトノネ』が発売されており、ソーシャルファームの情報が満載されています。

　サミットが開催されたことからもわかるように、滋賀県はソーシャルファームの先進地です。それは社会的企業という意味でもそうですし、社会的農場という意味でもそうです。

　たとえば、滋賀県大津市の社会福祉法人「美輪湖の家大津」は、水耕栽培（サラダホウレンソウ）を〝美輪湖マノーナファーム〟で、無農薬野菜（ニンニク、ニンジンなど）の生産と農産加工（味噌、マーマレード

など）を“瑞穂”で、無農薬野菜の生産を“和邇の里”で行っています。また、「美輪湖の家大津」のグループ企業として、菌床シイタケを農業生産法人“資生園”で、コメと近江シャモを農業生産法人“大萩茗荷村”で生産しています。

　このほか、栗東市のNPO法人「縁活」は自然栽培（無農薬・無肥料）の野菜を“おもや”で生産し、同じく栗東市のNPO法人「就労ネットワーク滋賀」は東近江市で無農薬・無化学肥料の野菜生産と農産加工を“＋FARM（プラス・ファーム）”で行っています。また、水口町のNPO法人「ここねっと」はふれあい農園“たんぽぽ庵”を開設し、障がい者の居場所づくりに取組んでいます。

　しかし、日本の社会的農場の草分けは、2014年に第1回「ソーシャルファームジャパンサミット in 新得」が開催された北海道新得町の農事組合法人“共働学舎新得農場”に求められるでしょう。代表者の宮嶋望氏が1974年に、社会的に最も弱い立場に立たされた人たちの病気、障がい、悩みというのは千差万別であり、その人たちと「共に生きる」ことで、その人たちの抱えている問題を解決する、あるいはその人たちに自己実現の場を与えるために設立しました。

　現在の構成員はおよそ70人、100ha近くの農場を管理し、約2億3千万円の売上げを誇っています。酪農、チーズ製造、有機野菜栽培、手工芸品、「ミンタル」カフェの売上げで、必要な経費をほぼ賄えるようになっています。生産量よりも品質を重視したチーズづくりに励むことによって、本場ヨーロッパの「モンドセレクション」や「山のチーズオリンピック」で最高金賞や特別金賞を受賞しています。

　この農場を訪れた人は「ミンタル」カフェでいろいろなチーズを試してから、自分の好みのチーズを購入すればよいでしょう。わたしは“シントコ”というハード系チーズが気に入りました。日本のナチュラルチーズはカマンベールなどのソフト系チーズが圧倒的に多いのですが、これは本場ヨーロッパとはやや違った展開です。チーズはハード系でなければ、と考える人にとってお薦めの一品ではないかと思います。

3．農協と労協の連携によるソーシャルファーム（社会的農場）

　熊本県美里町に、農協と労協の連携による社会的農場として、農事組合法人“美里ゆうき協同農園”が2011年11月に設立されました。ここで労協とは、日本労働者協同組合（ワーカーズコープ）連合会九州事業本部、農協とは熊本県農協中央会を指しています。ただし、より正確を期すならば、労協、農協中央会ともに、その職員が個人の立場で農事組合法人に参加しているという事例です。この間の事情は、拙著『農協は何ができるか─農をつくる・地域くらしをつくる・JA をつくる─』（農山漁村文化協会、2012年）で紹介しているので、ここではその後の展開を紹介したいと思います（2014年10月現在）。

　この協同農園は、障がい者の就労支援ではなく、雇用保険を受給できない離職者に対して無料の職業訓練を施し（農の雇用事業を活用）、将来的に有機農業者を育成するという使命を持って設立されました。

　その構成員（組合員）は以下の5人です。

内田敬介（代表理事）：前熊本県農協中央会、熊本県有機農業研究会理
　　　　　　　　　　　事長

坂田政治（理事）：坂田農園代表

坂田亜希子：坂田政治氏の妻

坂口民雄：内田氏の友人、地元区長

小林啓示（理事）：ワーカーズコープ九州熊本エリアマネージャー

　ここで、坂田政治・亜希子夫妻が、ゆうき協同農園の“訓練生”に当たります。お二人は内田、坂口両氏の技術指導と営農支援のもと、有機野菜を生産し、熊本市内で直売を行っています（市内まで時間距離で30〜40分）。販売指導は受けないまま、亜希子さんの才覚で売上げを伸ばしています。また、小林氏はゆうき協同農園で農業従事もしますが、主に事務管理面を担当しています。

　内田氏は、2012年3月に中央会を退職し、農園に専念できるようになりましたが、熊本県有機農業研究会理事長としての任務も多く、いわゆる“半農半 X”の状況が続いています。また、小林氏も、熊本市内でワーカーズコープの本来業務（子どもの学習支援など）を抱えており、“半

農半 X" の状況が続いています。一方、坂口氏は、ゆうき協同農園の設置地区の区長として、地元との調整、農地の貸出し、トラクター作業などを担っていますが、それ以上はこの農園に関与していません。

　以上がゆうき協同農園の運営実態ですが、こうした中で坂田夫妻が2012年12月に訓練期間を終了し、坂田農園の本格的経営のために分離、独立していきました。彼らに替わって2013年に3人の訓練生が加入してきました。最初の一人は20歳代の地元女性でしたが、数か月後「自分には合わない」という理由で辞めてしまいました。その後に加入してきた2人はいずれも男性ですが、建設会社の定年退職者、元教員というキャリアを持っています。彼らは「第二の人生を農業で」と考えていて、熱心に農業に従事し、農事組合法人の組合員にもなっています。

　ただし、小林氏によれば、訓練生ないしは組合員が少ないのは、農園のほ場やハウスは使えるものの、10万円の出資に見合うものが得られないからではないかという悩みを抱えています。言いかえれば、この農園が事業的には必ずしも成功していないことを意味しています。それは同時に「技術をマスターしていない」「販路を確立していない」「機械を使いこなせていない」ということを表しており、社会的農場の成立のむずかしさを物語っています。

　職業訓練の社会的農場は、半農半 X の素人経営では成立しにくいのではないか。ここに就労支援の社会的農場とは違うむずかしさが浮かび上がってきます。農産加工を取り入れることでその困難性を克服しようとしていますが、それが可能かどうか、"美里ゆうき協同農園" に問われているといってよいでしょう。

第**13**話
福祉専門の日本の協同組合

１．福祉（＝幸福追求）に取組む協同組合

　福祉とは、アマルティア・センによれば、幸福（ウエル・ビーイング）の追求を意味します。幸福の追求は、憲法でも保障されているように基本的人権の一つですが、「こうしたい」という行為と「こうありたい」という状態について、選択の幅を広げ、実現の可能性を高めることを指しています。この考え方にもとづいて、福祉とは「生き方の幅」を広げることだと主張する研究者も増えています。

　ヨーロッパ、とりわけイタリアの社会的協同組合は、身体的・精神的にハンディキャップを負った人びとを中心に、社会の中で弱い立場に置かれた人びとに焦点をあて、協同労働によってその人びとの「生き方の幅」を広げる努力をしています。本書では、そこにキリスト教が少なからず影響していることも見てきました。

　日本でも同じような社会的協同組合を見出すことができます。たとえば第12話で紹介した日本労働者協同組合（ワーカーズコープ）連合会はその典型です。自らが「協同労働の協同組合」と呼ぶように、仕事おこし、仕事づくりによって、弱い立場の人びとの社会的包摂に取組んでいます。ただイタリアとちょっと違うと思うのは、日本のワーカーズコープでいう「弱い立場の人びと」とは、身体的・精神的にハンディキャップを負った人びとだけというよりも、より広い意味で就労参加がむずかしい人びとという意味合いが強くなっているように感じます。

　社会的協同組合のもう一つの典型は生活クラブ生協です。組織事業基盤が「消費生活」に置かれている協同組合ですから、その主役は女性たちです。後にみるように、協同労働に参加する人びとは必ずしも女性とは限りませんが、その主たる担い手は女性、とりわけ消費者家計の主婦

たちです。

　生活クラブ生協は、自らが「消費材」と呼ぶ食料・日用雑貨・衣料などの共同購入に取組んでいます。しかし、こうした生協事業だけではなく、生活クラブ（単位組合）が母体となって設立した社会福祉法人やNPOなどがデイサービスセンターや特別養護老人ホームなどの運営も手がけています。

　この点では、JAの高齢者福祉事業と大きな違いはありませんが、その中には、もっと包括的な意味の「福祉（＝幸福の追求）」の事業に専門的に取組む生活クラブ（単位組合）もあります。それが「福祉クラブ生協」です。一般には「ワーカーズコレクティブ（ワーコレ）」の運動として知られています。

　福祉クラブ生協の事業は、高齢者に留まらず、そこから出発して団塊世代や障がい者、ニート、若者世代、子育て世代へと対象者を次々に広げていったことに特徴があります。その創立者たちは、自分たちの老後を地域の中で助け合うシステムを創ることによって「最低限の福祉」ではなく、「よりよく生きる福祉」すなわち「生き方の幅を広げる福祉」に取組んできました。

　まさにこの運動は、理念から出発するのではなく、実践の中で課題を発見し、その発見した課題の解決のために、皆が知恵を出しあい、汗をかきあってきたという歴史があるのです。

２．福祉クラブ生協の取組み

　福祉クラブ生協は1989年４月に横浜市港北区で設立されました。行政庁による設立認可に当たっては、本体事業として共同購入を行っていることが経営安定に寄与すると判断されました。2015年５月現在、その運動は神奈川県下23の自治体・行政区に広がり、組合員数は１万６千世帯を超えています。

　2014年度の事業高は38億9千万円、出資金は15億6千万円です。組合員は加入時に1,000円、その後は毎月1,000円ずつ8万円まで積み立て増資を行います。この出資金は消費材の配送センターや福祉施設、厨房施設の建設や福祉車両の購入などに充てられます。

福祉クラブ生協の母体は生活クラブ神奈川ですが、港北区での組織率が高かったことから、港北区の地区組織（助け合いネットワーク）の呼びかけによってその他の地区組織をつくってきました。それぞれの自治体・行政区で福祉をやりたいという人が集まって発起人会をつくり、地区組織を設立していったのです。

　内部規約（地区展開モデル）によれば、この地区組織の設立には300人の組合員、30人のワーカーズが必要とされます。ここでワーカーズとは、消費材、家事、食事、移動など18業種にわたる福祉サービスの担い手を指します。また組合員とは、その福祉サービスの受け手を指します（ただし、ワーカーズも組合員の中に含まれます）。どの地区にも必ずあるというのが、消費材の宅配を受け持つ「世話焼きワーコレ」と、お年寄りや子育て層などの家事ニーズに対応する「家事介護ワーコレ」です。

　2004年度上半期になると、共同購入を目的に加入する組合員が新規加入者の50％を下回るようになりました。これはすなわち「宅配の共同購入が経営を支える生協」から、「宅配の共同購入を含む福祉事業が経営を支える生協」への転換が進んだことを意味しています。

　「世話焼きワーコレ」は、週一回、消費材の宅配とあわせて組合員の安否確認と組合員とのコミュニケーションを図ることを目的としています。また「家事介護ワーコレ」は、高齢者が困った、赤ちゃんが困ったなど、家事ニーズに幅広く対応することを目的としています。

　世話焼きワーコレのメンバー（ワーカーズ）が利用者の困りごとに対応するうちに、食事づくりのニーズが高いことが判明し、そこから配食サービスを行う「食事サービスワーコレ」が1994年に設立されました。次いで2000年に設立されたのが、福祉車両を使ったケア付きお出かけサービスを行う「移動サービスワーコレ」です。

　食事サービスワーコレ、移動サービスワーコレの普及に役立ったのが"コミュニティオプティマム対策費"と呼ばれる支援資金の造成です。この資金は、各地区に設置される数々のワーコレを支援するために、家事介護ワーコレが事業収入の一部を組合本部に拠出し、そのお金をプールしていったものです。これによって厨房施設の建設や福祉車両の購入が容易となり、食事サービスワーコレや移動サービスワーコレの設置が

飛躍的に進みました。

　移動サービスは、20人の利用者で１台の福祉車両を男性（主として定年退職者）の運転手付きで用意しますが、採算性に問題がある場合は隣接地区の利用者も募集することとしています。

３．食事サービスワーコレとは

　ワーコレには、２期４年を原則に、リーダーは「替わり合う」という原則があります。この原則は、だれかにお任せするのではなく、できる時にできる役割を「担い合う」という意味があります。リーダーが交替することによって組織の活力を生み出し、ワーカーズの参加と責任の意識を高めようとしているのです。

　ワーコレの設置は「業種ごと」「地区ごと」が原則です。業種はあらかじめ決められているわけではなく、地区組織の実情やニーズによって決めることが可能です。業種としては、これまで説明してきた「世話焼きワーコレ」「家事介護ワーコレ」「食事サービスワーコレ」「移動サービスワーコレ」のほかに、「子育て支援ワーコレ」「居宅介護支援ワーコレ」「デイサービスワーコレ」「生活支援ワーコレ」など、合計18業種に及んでいます。

　このうちの「食事サービスワーコレ」は、安心安全な食材を使い、手づくりでバランスのとれた夕食をつくり、それを利用者宅に配達しています。高齢者だけではなく、病弱な人、産前産後の人、仕事で忙しい人なども利用でき、単発の利用もできます。また、パーティ料理や惣菜料理にも対応しています。

　配食容器には安全性や衛生面に優れ、環境にやさしいプラスティック容器が使用されています。利用者がこの容器を洗うことも義務づけられており、この作業を行うことによって利用者が生活リズムを保つことができ、介護予防にも役立っています。この容器はわれわれがかつてドイツの高齢者協同組合（拙著『ドイツ協同組合リポート　参加型民主主義』全国共同出版の第９話「リートリンゲン高齢者福祉協同組合の取組み」）で見てきたものと同じですが、"かながわ地球環境賞"を受賞しています。

　現在、10地区で食事サービスワーコレが運営されていますが、そのう

ちの6地区で横浜市が行う高齢者食事サービス事業に参入することによって、配食数の拡大に成功しています。また、1994年に先陣を切って設立された港北区の「食事サービスワーコレほっと」では、配食数の拡大のために、店頭での惣菜販売や、地域行事、PTAの集まり、中学校の先生たちへのお弁当配達サービスなども行っています。厨房業務は女性たちが担い、配達業務は女性のみならず男性たちも担っています。

　採算面からいうと、食事サービスワーコレの成立には100食の配達確保が必要とされます。港北区、鎌倉市、栄区、藤沢市など、行政区が小さい、高齢者が多い、山があって買い物が不便、古くからの住民が多い地区で利用者が多く、この条件をクリアしています。

　横浜市の高齢者食事サービス事業では1食当たり324円の補助金が出ますが、高齢者が事業者を自由に選べることから、648円という低価格の大手民間業者のほうに分があるとされます。これに対して、食材の質にこだわる福祉クラブ生協の利用料金は1食当たり972円で、厳しい競争環境に置かれているとされます。

第**14**話
生協によるソーシャルファーム（社会的農場）の展開

1. 社会的農場に取組む日本の生協

　障がい者の就労支援に取組む協同組合は全国に数多くあります。しかし、社会的農場を設置して障がい者の就労支援に取組む協同組合はそれほど多くはありません。就労支援の場として農業を位置づけるためには、農地の取得、資金の調達、技術の習得、販路の確保など、数多くの問題があるためです。

　そうした中で社会的農場の運営に積極的に取組む生協があります。それが今回紹介する「大阪いずみ市民生協」（以下、いずみ市民生協）と「生協ひろしま」です。

　いずみ市民生協は1974年の設立で、大阪市を除く東大阪市以南を事業区域とし、宅配・店舗事業、共済事業、福祉事業を展開しています。その福祉事業の一環として、2010年に「㈱ハートコープいずみ」（資本金3,000万円）と「㈱いずみエコロジーファーム（農業生産法人）」（資本金5,000万円）を設立しました。

　ハートコープいずみといずみエコロジーファームは、両者相まって、いずみ市民生協が構築する「食品リサイクル・ループ」の一翼を担っています。ハートコープいずみは、物流センターや店舗から出る食品残さをたい肥化し、肥料を生産します。いずみエコロジーファームは、そのたい肥を利用して野菜を生産し、包装・加工を施して全量をいずみ市民生協に出荷します。

　ハートコープいずみは、たい肥生産のほか、生協施設の清掃、資源ごみの分別・販売、宅配用通い箱や保冷剤の洗浄、組合員への郵便物の袋詰め、組合員からの意見・要望のパソコン入力なども行い、2011年に「特例子会社」の認可を受けました。2014年10月１日現在の従業員数は42人

で、そのうち障がい者は34人です。

　一方、いずみエコロジーファームは2012年に就労支援Ａ型事業所の認可を受け、雇用契約にもとづく継続的な就労と最低賃金以上の給与水準を実現しています。農地については「（一社）大阪府みどり公社」のあっ旋により、管内の遊休農地を２か所、計5.1haを借り受け、露地野菜とハウス栽培（溶液土耕栽培）を行っています。2014年10月１日現在の従業員数は30人で、そのうち障がい者は22人です。

　農場は「COOP彩園」と呼ばれ、組合員を招いての農業体験も実施しています。野菜のつくり方や除草・防除対策などの農業技術は、いずみ市民生協と30年以上の取引がある「堺グリーンクラブ」（堺市内の農家７戸で構成）の指導を受けています。

　障がい者の受入れは、和泉市のコミュニティソーシャルワーカーが相談を受けた就労困難者のうち、就労を希望する者を受入れるという形をとっています。このほか、メンタルヘルスに課題を抱える生協職員の職場復帰前の「ならし期間」にも活用されています。身体を動かしながら徐々に社会生活に慣れることによって、本格的な職場復帰に必要な規則正しい生活リズムを取り戻すことができるとしています。

　いずみ市民生協の社会的農場の取組みは、食品残さ→たい肥→野菜の生産・販売といった「食品リサイクル・ループ」の一翼を担っているという点で、生協の持つ総合性の強みをいかんなく発揮しているといってよいでしょう。

２．生協ひろしまによる「ハートランドひろしま」

　生協ひろしまも、いずみ市民生協と同じような狙い、同じような仕組みで社会的農場を運営しています。2007年に食品および日用雑貨の検収・検品・仕分け・包装・加工業務を行う特例子会社の「㈱ハートコープひろしま」（資本金1,000万円）を、また2010年に野菜の栽培・販売を行う就労支援Ａ型事業所「㈱ハートランドひろしま（農業生産法人）」（資本金1,000万円）を設立しました。

　両社の代表取締役は生協ひろしまの横山弘成専務理事ですが、横山専務は両社の構想段階から責任者として関与してきました。生協ひろしま

は1971年の設立で、広島県一円を事業区域としています。2015年現在、組合員は40万人、6万班、420億円の事業規模を持ち、共同購入、店舗事業、福祉事業を展開しています。

　ハートランドひろしまは、生協が手がけた社会的農場の全国最初の取組みでした。そのきっかけは2008年1月に起きた中国製冷凍ギョーザへの農薬混入事件とされます。それを機に食の安全・安心をもう一度考え直した結果、2008年5月、自らが栽培することで組合員の安全・安心ニーズをかなえる決心をしたのです。

　この段階でJA広島北部との協議を開始し、2名の専従職員を北広島町川戸の「農業組合法人せんごくの里」に送り込み、9か月間にわたって米や野菜の生産と出荷調整の方法を学ばせました。また、2010年にはもう1人の専従職員を安芸高田市吉田町の「㈲クリーンカルチャーファーム」に派遣し、青ネギの水耕栽培を研修させました。

　現在では、ハウス9棟で、ミズナ、サラダホウレンソ草、コマツナをフィールド養液栽培（廃液を出さない環境保全型の栽培システム）という方法で生産し、露地では消費者ニーズが高く、獣害を受けにくいとされるニンジン、サトイモ、白ネギ、エダマメ、カボチャなどをつくっています。また、通常の土耕ハウス8棟では、ミニトマト、春ダイコンなども栽培しています。同時に生協ひろしまの組合員を対象にした野菜の定植・収穫体験も行っています。

　加えて、生協ひろしまの職員に6月から9月にかけて合計6回の農業体験の場を設け、草刈、白ネギの草抜き、ミニトマトの栽培管理と収穫、トウモロコシの収穫などを通して、生協商品がどのようにつくられているかを学んでもらい、組合員との対話に生かすこととしています。

　合計6か所、4.5haに及ぶ農地はすべて借地ですが、JA広島北部との連携から生まれた画期的なことは、広域合併前の旧JA広島千代田の川戸支所を本社事務所として使用していることです。

　視察資料によれば、生協ひろしまがこうした取組みを進める理由として、次のような「地域活性化の役割」が述べられています。

　「生協は消費者が自分たちの暮らしや地域社会のことを考え、より豊かな地域社会を実現することで自分たちの暮らしも豊かにしていくこと

を目的に創られた、地域に暮らす消費者による消費者のための組織です。地域社会の利益がそこで暮らす人びとの利益となり、その結果、消費者の暮らしがよくなることを総合的に目指しています。そのための事業を継続していくことが私たちの使命であり、生協がそういう組織であるからこそ今疲弊している農業分野においても積極的に取り組みを行うべきだと考えています。」

協同組合に対するこのような考え方は、地域に根ざした協同組合であるJAにも同じように当てはまるといってよいでしょう。

2014年度末現在、従業員数は18人、そのうち障がい者は14人で、そのすべてが男性の知的障がい者です。彼らは「サービス利用者」と呼ばれ、個人の適性に応じてフィールド養液栽培や土耕ハウスの仕事に従事しています。また、彼らに団体行動や普段の生活とは違う体験をさせるために、社員旅行も行っています。

３．社会的農場の始まりは HJC の取組みから

2008年のJA広島北部との協議がスムーズに進んだ背景に、生協ひろしまとJAグループ広島との間で協同組合間提携が積極的に行われてきたことがあげられます。その場を提供してきたのが広島県協同組合連絡協議会（HJC）です。HJCは Hiroshima-ken Joint Committee of Co-operatives の略で、1985年に設立されています。県内の農協、漁協、森林組合、生協など11団体で構成されています。HJCの理念は「私たちは、自立と協同の力を発揮することにより、自然と調和した、人に優しい地域社会づくりに貢献します。」というものです。

とりわけ農協と生協との間では、2000年に「協同組合間提携地産地消運営協議会」が生協ひろしま・JA広島中央会・JA広島経済連の三者によって設置され、米・食肉・卵・野菜の各部会を設けて、産地育成、商品開発、学習活動の展開などに取組んできました。また、2001年には「豊かな食と農と地域・ひろしまをつくる協同宣言」を採択して、地産地消運動に本腰を入れることを宣言しています。

筆者が見ても、その結束力は非常に強いと感じますが、それは、この協同宣言の作成に当たって、生協ひろしま、JA広島中央会、JA広島経

済連（現 JA 全農ひろしま）の担当職員が膝を交え、地産地消の運動と事業のあり方について本音で夜遅くまで議論を交わし、お互いが納得のいく宣言文をつくったことにあるとされます。

　こうした下地があっての社会的農場の立ち上げだったわけですが、とりわけ JA 広島北部管内で農場を設置した理由は、生協ひろしまとの活動・事業が、県民米"あきろまん"の田植え交流やミニトマトの契約栽培などを通じて活発に行われていたことにあります。

　2010年7月のハートランドひろしまの設立記念レセプションには、JA の役職員、地元の集落法人や住民、北広島町長、生協ひろしまの役職員が参加し、本社事務所のある北広島町川戸で盛大に開催されました。その場で同農場の横山弘成代表取締役は次のように挨拶しました。

　「今回の生協ひろしまの農業法人設立は、他企業の農業参入とはまったく異なるもので、行き過ぎた市場原理主義の中で、分断されてきた『食と農』『都市と農村』『消費者と生産者』の結い直しを協同組合セクターが具体的に示した点で大変意義深いものだ。地域に根ざした協同組合セクターとして、広島の中に『小さな協同』の種を播き、花を咲かせ、稔らせて、広島の地から『明るい未来の姿』を発信していきたい。」

参考文献とホームページ

第2話
田中夏子（2005）『イタリア社会的経済の地域展開』日本経済評論社
佐藤紘毅・伊藤由理子編（2006）『イタリア社会協同組合B型をたずねて』同時代社

第3話
生活問題研究所（1985）『イタリア協同組合レポート』合同出版
ピエーロ・アンミラート（2003）『イタリア協同組合レガの挑戦』家の光協会
津田直則（2012）『社会連帯の協同組合と連帯システム』晃洋書房

第4話
津田直則（2012）『社会連帯の協同組合と連帯システム』晃洋書房
ストラッデロ（LoStradello） http://www.lostradello.it/
クアランタチンクエ（quarantacinque） http://www.quarantacinque.it/

第5話
藤井敏彦（2005）『ヨーロッパのCSRと日本のCSR』日科技連
ベットリーノ（IL BETTOLINO Cooperativa Sociale）
　　　http://www.ilbettolino.it/

第6話
バレ・ディ・カバリエーリ（Valle dei Cavalieri）
　　　http://www.valledeicavalieri.it/
カセイフィシオ・デル・パルコ（Caseificio del Parco）
　　　http://caseificiodelparco.it/

第7話
ラ・ルチェルナ（La Lucerna） http://www.cooplalucerna.it/

第8話
レ・ジャーレ（GAS le GIARE） http://www.gaslegiare.org/
ラ・コッリーナ（La Collina） http://www.cooplacollina.it/
ラ・クエルシア（La Quercia） http://www.coopquercia.it/
ラ・ヴィーニャ（La Vigna） http://www.cooplavigna.it/

第9話
井上ひさし（2008）『ボローニャ紀行』文藝春秋
コーパップス（COpAPS）　http://www.copaps.it/
イル・モンテ（agriturismo il monte）　http://agriturismoilmonte.copaps.it/

第10話
総研レポート（2009）『フランスの協同組合』農林中金総合研究所

第11話
タルト・エン・ピオン（Tart'en'Pion）　http://tart-en-pion.blogspot.com/
ヘルシーフードレストラン（Tchaï Walla）　http://www.tchaiwalla.com/

第12話
ソーシャルファームジャパン　http://www.socialfirms.jp/

第13話
福祉クラブ生協編（2005）『ワーカーズコレクティブ』中央法規出版
福祉クラブ20周年記念誌プロジェクト編（2011）『未来につなごう 参加と共感』
福祉クラブ生協

第14話
三菱UFJ リサーチ＆コンサルティング（2014）『就労訓練事業（いわゆる中
間的就労）事例集（平成26年11月版）』

石田正昭（いしだまさあき）

龍谷大学農学部食料農業システム学科　教授

1948年生まれ。東京大学大学院農学系研究科博士課程満期退学。三重大学教授を経て2015年度より現職。1988年日本農業経済学会賞、2001年日本農業経営学会学術賞、2013年JA研究賞を受賞。2015年10月より日本協同組合学会会長。専門は家族農業論、地域農業論、農協論。

主な著書は、単著に『JAの歴史と私たちの役割』（家の光協会）、『農協は地域に何ができるか』（農山漁村文化協会）、『ドイツ協同組合リポート　参加型民主主義―わが村は美しく―』（全国共同出版）など、編著に『JAの新流』（全国共同出版）、『JAの運営と組合員組織』（全国共同出版）、『なぜJAは将来的な脱原発をめざすのか』（家の光協会）、『農村版コミュニティ・ビジネスのすすめ』（家の光協会）、共著に『知っておきたい食・農・環境』（昭和堂）、『食・農・環境の新時代』（昭和堂）など多数。

食農分野で躍動する日欧の社会的企業
―イタリア発　地域の福祉は協同の力で―

2016年7月20日　第1版第1刷発行

著　者　石　田　正　昭
発行者　尾　中　隆　夫

発行所　全国共同出版株式会社
〒160-0011　東京都新宿区若葉1-10-32
電話 03(3359)4811　FAX 03(3358)6174

印刷所　新灯印刷株式会社
Printed in Japan